# 熊本地域の地質断面図

## ―地下地質と熊本地震―

熊本地盤研究会

代　表　　中山　洋

　　　　　古澤　二

　　　　　長谷　義隆

　　　　　荒牧　昭二郎

# 序

「今回も異例の事でお許しください」との書き出しになりますが、この本ができるまでには長い時間と多くの紆余曲折をしながらの作業があり、その積み重ねを基にして、漸くここまできました。といいますのも三十数年前からの大学在職中の細々とした研究成果と退職後は荒牧昭二郎教授研究室での継承を得て、その都度の「まとめ」を積み重ねて今に至ったものだからです。これまでの成果はごく少部数の出版で、世にはほとんど知られていないので、ここでの地質断面図作成の流れを知っていただくために、以下に示す関連冊子出版時の"まえがき"の要旨を再録し、最後にくる今回の"まえがき"により『熊本地域の地質断面図 ―地下地質と熊本地震―』に至るまでに取り組んできた地盤情報データベース化についての目的、経過および現状について記述する事にします。

<これまでの関連出版物>
    (1)『熊本市の地下構造記録』（1995年3月、九州東海大学工学部　中山 洋）
    (2)『熊本地盤図集』（1997年2月、九州東海大学工学部土木工学科　中山 洋）
    (3)『熊本周辺の地質断面図』（2010年3月、科学研究補助金　基礎研究（C）の成果
        研究代表者　中山 洋）
    (4)『熊本地域の地質断面図』（2014年1月、代表者　中山 洋）

## 『熊本市の地下構造記録[*1]』より

「中山が構築しているデータベースで現在可能な利用法と今後の問題点」

現在までのデータ数は約1700本が入力済みで、これを使う範囲内での利用が可能である。入力法やファイル形式とデータ検索法については環境地盤情報データベースに示すとおりである。たとえば、データベースは新規調査計画の立案に役立てるとか、新しく調査されたデータの検討判断時に近くにあるデータと比較検討する事で、より確度の高い内容に変更することなどに使える。

今後の問題点としては、データ管理の基になる位置図として1/5,000国土基本図を使用しているが、昭和40年頃作成の地図を使っているし、一部欠落しているところもあるので更新する必要がある。また、地域を広げる作業も必要になる。

次に収集したデータの正確な位置図と標高を必要とするが、仮BMで調査されたものが多いので、今後はより正確な標高を採用するようにしなければならない。なお、現状は卒業研究生で運用しているので、年度前半は教育指導に追われ、後半に理解し実行に移り卒業というパターンを繰り返しており、進み具合が鈍い状況にある。このデータベースを管理運営していくには、常時オペレータを置いて対応できる第三セクターの体制が是非とも必要である。さらに入力前のデータの質の見極めと地層区分については地質調査業界の皆さまの協力を得て、チェックしていただきたいし、データの入力についても各社で協力していただけないかと考える。

最後に、データベース内の柱状図データを出力した成果の外部での取り扱いについては、各業界間の合意が必要であると思われる。

## 『熊本地盤図集[*2]』より

ここに熊本地盤図の一部ではあるがまとめることができた。ついてはこの地盤図の実現に至るまでの

ことを少し記しておきたい。

　1985年に数人の有志で熊本地区の地盤情報のデータベースをつくろうと話が出た事に始まった。しかし初めてみると多くの問題点があり、遅々として進まない状況が長く続いたが、これまでに集めたデータ数も約1700本になり、ここでデータ密度の大きい部分について地盤図を作成した。

　まず、このデータベースについて概略を述べる。地盤情報のデータベースは情報をより良く活用することを目的としており、構築されたデータベースは地盤調査などの実務的利用のほか、広く一般に若手技術者や学生の教育などに取り入れる事を期待できる。現状の地下情報は地下の浅層が多いが今後は深い地層までその必要性が高まると思われるし、その内容も柱状図やN値情報のみでなく、二次加工して高度に利用する事を考えねばならない。情報の二次的利用を重視し、より一層の地盤情報の活用を図るには情報の整理・保存・管理およびその利用のための技術開発と社会的システム化が必要である。

　地盤情報データベースの構成について述べると、まず情報の位置の確定には平面直角座標系の地図上に1辺50mメッシュで区分してボーリングデータを管理している。なお、同一メッシュ内に複数のデータがあっても入力できる。各データはデータ管理ファイルで管理されるし、柱状図データファイルやそのほか現位置試験データ・N値データ・地下水位データ分布図（コンター図ではない）の出力ができる。データベースの利点と重要性についてのべると、

　　　1．情報の整理・保管・管理がしやすい
　　　2．情報検索が容易かつ多機能化できる
　　　3．情報を蓄積することで新たな情報を生む事ができる
　　　4．情報の活用がコンピュータ上でできる

これらは一次・二次的情報ともに可能であり、二次的情報としては1から3までは特に効果的であると思われる。ごく簡単に書いたが、この「地盤情報は社会全体の財産」としての社会的認識を高めて社会全体でその利用が進んでいく事を希望する。そのためにもこのデータベースの運用には官庁・業界の協力の下に管理運営する第三者機関の設置が必要である。また、より一層の高度利用にあたっては、より高密度のデータと多種類のデータファイルを必要とする。そこで各機関で所有するデータを集める事がこのデータベースにとって重要である。是非とも、このデータベースの発展に協力をお願いしたい。


### 『熊本周辺の地質断面図*³』より

　（『熊本周辺の地質断面図』は2010年3月に自費出版されました。その"まえがき"には地盤情報をデータベース化する目的とその需要性が記されているので、ここに再掲します。なお、熊本市域をカバーする東西28km×南北15kmを1kmメッシュで区分した断面線482kmについて、主に建設工事関係で調査されたボーリングデータを使用して表現した図集であることから、今回の図集とは表現方法に少し違いがあります。）


　熊本の地は地殻変動の激しい火山地帯にあり、大地は千変万化していると考えてもよい。このような地域にある熊本市では、全国的に見ても珍しく市の水道水の全量を地下水に頼っているので、この地下水の状況とその流れの様子を知る事こそ、最大の命題ではなかろうか。そのためには地下の構造をよく知る必要があるし、今後行う地質調査の更なる精度向上を図らなければならないと思う。

　今回、熊本平野をほぼカバーする面積の熊本地質断面図をまとめることができた。ついてはこの地質

断面図の実現に至るまでのことを少し記しておきたい。

　1998年３月、中山の東海大学退職にあたり、この地盤情報データベースを同大学荒牧研究室と熊本県地質調査業協会に置き、両方で進めていくことにした。荒牧研究室では卒業研究・大学院生の研究で活用し発展させて、2005年５月にデータベースの新しいプログラムを取り入れた。さらに、2008年８月より週１回のペースで、古澤二氏、中山も大学の荒牧研究室に集まり、この地質断面図作成に取り掛かり今日に至る。

　今回の地質断面図では、東西28km・南北15km の熊本平野をほぼカバーする264平方km の地域を、１km メッシュで区分した線上の地質断面図で、その総延長は514km である。

　現状の地下情報は主に地下の浅層に限られているが、今後はより深い地層についても必要性が高まってくるであろう。その内容も柱状図やＮ値情報のみでなく、二次加工して高度利用することを考えねばならない。情報の二次的利用を重視し、より一層の地盤情報の活用を図るには、情報の整理・保存・管理およびその利用のための技術開発と社会システム化が必要である。

　ボーリングデータベース利用の一番の目的は、まず地質断面図の作成が可能になることであろう。そこで水平距離と標高差を考慮した自動作図システムで作成した図上に、新しく集めた資料データと地表面線を記入し、地質断面図を作成した。その成果を利用することで構造物基礎工法の選定にあたり、その基礎の評価により信頼性の高い、有効で新しい知見を与え得る見通しができた。

　情報の活用がコンピュータ上でできるためには、その情報の創作とそれが利用できるようにする準備が必要である。データベースというとコンピュータ上で何かと便利に利用できるように思いがちであるが、そこに準備されるデータ（情報）を創作するには、多くの人の知識と労力と時間が必要なのである。これを誰がやるかが大問題である。

　我々人間社会を支えている大地の情報＝地質情報は、今日まで土木構造物の建設や建築などに伴う地質調査で行われたボーリング調査資料の柱状図資料である。しかし、この資料は、広い大地にあって、ある一点の、しかも調査深度も限られた情報でしかない。しかもこの情報を得るには多大な費用が必要である。この情報はそれを実施した公的機関や会社などに所有されるもので、その情報は簡単に提供されたり利用したりできるものではないのが実情である。

　われわれ人間社会は、この大地の一部を一時借用中であって、その大地は連続しており、地下水は流れているものであるから、これらを区分・独占することはできない。社会全体として末永く利・活用できるようにする義務があると思うので、地下情報を何とかデータベースのために提供していただきたいものである。データベースにおいては、質の良い正確なデータの数が多くなるほど、その内容の充実・成長に資するものであるから、是非、資料の提供をお願いしたい。なお、データベース化により貴重なボーリング調査資料の散逸が防げるだけでなく、数多く集まるほどにそこから得られる新しい知見も増し、情報の再利用・有効利用ができるメリットは大きいと考える。

　「地盤情報は社会全体の財産」との社会的認識を高めて、社会全体のための地盤情報データベースの構築とその利用が今後進んでいくことを希望する。そのためにもデータベースの運用には、官庁・業界の協力の下に管理運営する第三者機関の設置が必要と考える。また、より一層の高度利用にあたっては、より高密度のデータと多種類のデータファイルを必要とする。そこで、各機関で所有するデータを集めることと、その柱状図データの正確な地層区分が、このデータベースにとって重要である。是非とも、この地盤情報のデータベースの発展に協力をお願いしたい。

『熊本地域の地質断面図*4』より

　ここで、地盤情報データベースへの取組みに至った思いと経過について記述しておく。

　私、中山 洋は1956（昭和31）年熊本大学工学部土木工学科卒業後、熊本県土木部出先機関で臨時職員として従事した八代市鏡町野崎海岸堤防工事で軟弱地盤対応の経験をした。翌年4月に熊本県正職員として採用され玉名に派遣されると、今度は菊池川で1953（昭和28）年大水害復旧の橋梁架設工事を担当させられた。この現場が花崗岩の風化帯にあり、設計内容と施工現場の地質状況が大きく違い、その施工には大いに苦労し悩まされた。設計時に想定された地質と、現実の地質の齟齬（そご）の怖さを思い知らされた現場であった。この経験はその後の人生において忘れることのできないものとなった。すなわち、この経験は、それぞれの地域で施工されたボーリングデータを1カ所に集めてデータベース化し、それによって、この大地の地質状況と地下水の動きを知ろうとする努力がいかに大事であるかを思い知ることになった。当時は工事設計前の地質調査も現在とはかなり違っていた。現在行われている標準貫入試験（N値測定）が日本でJISに制定されたのは1961年である。もし、この現場でこの試験が行われていたならば、この現場も順調に工事が進行したと思われる。

　この地盤情報のデータベース化にも長い年月と特別な人との出会いがあったから始める事ができたので、次に記すことにする。

　1971年4月、当時の東海大学熊本短期大学部に土木工学科が置かれ、中山はその専任講師となった。翌年6月に熊本大学土木工学科におられた荒牧昭二郎先生に会う機会があり、荒牧先生には翌年4月より非常勤講師として東海大学に来ていただき、1975年4月には常勤として移られた。また、1973年4月には当時、八洲開発株式会社の古澤二社長と出会う事ができた。1984年5月に熊本大学で、名古屋大学より移られた今泉繁良先生と話す機会があり、地盤情報のデータベース化への希望がみえて、翌年4月よりこれに取り掛かった。

　まず、研究に必要な地図資料と地質調査ボーリング資料の収集であるが、これは国・県・市町村の行政機関が施工したものがほとんどであり、各機関にお願いするしか方法がなかった。最初の職場である熊本県土木部において、先輩方のご好意で少しずつ集めることができ、何とか前進した。

　1986年9月、熊本大学の学長を退官後九州東海大学の学長になられた松山公一先生から、来春に熊本大学工学部に新設されるコースドクターに進むようにとの話があり、これに伴う研究機材としてデジタイザーが必要になり、これを提供していただけないかと古澤社長にお願いしたところ、ご快諾いただいた。結果、中山は1987年4月から3年間、教員と学生の二足の草鞋（わらじ）生活を送ることとなった。

　1988年末には1000本のデータを集めることができ、1991年9月には各ボーリングデータの分布図もデータベース化できた。さらに、1992年2月には、熊本県土木部より熊本県地質調査業協会員の下にあるデータは自由に使用してよろしいとの返事があり、データベース化の作業も一層前進させることができた。なお、3月25日、古澤・荒牧・中山の集まりを「熊本地盤研究会」と名付けた。

　1993年5月、土質工学会の中で「地盤情報データベースの評価と高度利用に関する研究委員会」が発足し、その幹事委員（3年間）の一人に選ばれた。同年7月からは中山の卒研生で紙粘土で地層モデルの作成に取り掛かるもうまくいかず、その他の資材を試すもだめで、最後に工業用石膏を使用したところうまくいき、熊本市中心部より東部へ4km×5kmの地域の石膏製地層モデルを作成することができた。これにより地層の累積状況が誰にでも分かりやすくなった。

　文部省の科学研究助成 '95・'96年度の成果として、1997年2月に「熊本地盤図集」を中山・荒牧・古

澤の共同で完成させた。

　翌98年３月、中山の退職を迎え、これまで14年間継続してきた地盤情報データベースは荒牧研究室と熊本県地質調査業協会の両方で発展させていくことにした。荒牧研究室では2005年５月に新しくデータベースのプログラムを入れ替えて稼働させ、2008年８月より３人が大学に集まり、毎週木曜日に作業することにした。2009年３月、荒牧先生の退職を迎えて、その後は市川勉教授の研究室の一部を使用させていただき、2010年９月、『熊本周辺の地質断面図』150部を自費出版することができた。この結果に対して、思いがけなく2011年10月、「第25回肥後の水とみどりの愛護賞」を受け、その賞金は機材や消耗品の購入に使わせていただき、大いに助かった。一方、協会の方の進展は見られないようである。

　その年には県北部地区の東西36km×南北36km＋南部に繋がる24km×12km にわたる広い地域の新たな地質断面図作りに取り掛かった。その目的は、熊本市水道が地下水100% を謳<sup>うた</sup>うがその水源の状況を少しでも解明し、その水源をどのようにして守るのかを知るためで、全断面図の総延長1805km、その対象面積1540平方km に対して作成するものであった。東西と南北の両断面図を組み合わせて検討することで地層別の成層状況を知ることができる。また、この各地質断面図にはその断面に引用した、主に取水用ボーリングデータを表示しているので、その地域の地下水位の概略を知ることができる。このデータを基に地下水位図を作成することで地下水の流れ、その溜まり具合も知ることが可能になるのである。

　ただ、この作業は実に大変な努力と緻密な検討作業が加えられねばならず、そこから得られた情報は各図面データとともに、詳細な数値を情報にしてコンピュータに入力しなければならない。その作業は膨大な量になるが、これを荒牧先生が一人で受け持っている。各地層の分布図などは古澤さんの豊富な現場経験と、その知識から生まれた作品である。毎週木曜日に大学で３人集まっての作業時に検討を行うが、毎回のように２人の間で喧々諤々と続くことを目にすると、この作品は現時点での高いレベルを維持していると考えられる。

## 本書　まえがき

　以上の経過後、2014、15年の２年間で３人それぞれに老体となりました。色々な事がありながらも熱心に深井戸のデータを探し、それを用いて各地質断面を見直す作業を繰り返し行ってきました。実に根気のいる作業で、１本の線を引くにも多くの議論と見直しの連続でした。

　2015年の秋には長谷義隆先生もこの会に参加され４人体制となり、鋭意、地下水の存在と水みちの推定を進め、断面図も1000m ほどの深さまで推定描写することにしました。さらに、各地層の上面標高図を載せることで、地層分布位置が明確になりました。

　この地質断面図集の作成により、布田川断層や日奈久断層の様子が分かってきました。実は2016年４月14日の木曜日、いつものように東海大学の一室で４人は作業をしていました。同年３月に嘉島町の地下に「嘉島断層」（新称）あることを論文で発表していたので、関連する「布田川断層」の話で大いに盛り上がりました。まさかその日の夜にあのような大地震に出遭うとは夢にも思っていませんでした。当時、東海大学で作業ができるのは2017年までということでしたので、最後を記念してこの本を「東海大学記念号」と銘をうち出版すべく、まとめの最中でした。しかし、この震災により出版に向けた作業は中断せざるを得なくなりました。しかし、その後の多大な努力でまとめることができたことは大変幸いなことだと思います。

　大震災を受けた熊本の地で今後の復旧にあたり、復旧計画・施工・土地利用計画などに大いに活用し

ていただきたいし、特に地下水問題の面では参考にしていただけるものと思っています。すなわち、この本の目的は、以下のように考えます。

1．熊本地域の地下構造の解明
2．帯水層分布とみずみちの推定（地下水汚染対策と地下水保全などに資する）
3．構造物の支持地盤や支持力などの推定
4．軟弱地盤の分布、液状化地盤の推定、活断層の把握、自然災害、防災対策に資する

　以上の観点で熊本平野（南北は山鹿から松橋、東西は白川河口から立野付近）の地盤地質断面図作成を行っています。その総延長は1400kmに及ぶものです。

　各地の都市部地盤図の作成は、伊勢湾台風に伴う水害の被害は地盤沈下による人為的災害が要因であるとみなされた名古屋地盤図の発行（1969年）から急速に進みました。福岡・大阪・東京などで業界および行政関係の努力によって地盤図の作成が行われました。大都市圏に広がる平野部は柱状図が多数集中しており、地域で作成作業を進めやすい地域でした。

　熊本における最初の地盤図は、熊本大学建築学教授の浅野新一先生監修による日本建築学会九州支部熊本支所から1962年に発行されたもので、その主体は熊本県内の地盤柱状図の記載でした。1971年12月には同じく日本建築学会九州支部熊本支所から地盤図が発行され、その中に熊本大学理学部教授の今西茂先生による地質断面図が示されました。その後、1980（昭和55）年に熊本水道局による報告書、「熊本市周辺の地下水について」や、1987（昭和62）年と1991（平成３）年に熊本県・市の「熊本地域地下水調査報告書」による熊本市周辺の基盤地形や地下水流動、さらに熊本地域地質層序が示されました。近年では熊本地質調査業協会監修の『熊本市周辺の地盤図』（2003年）がありますが、熊本地域の地盤全体の様子を把握するには充分ではありませんでした。

　熊本地盤研究会の代表者中山洋は、このような状況打開のために積極的にボーリングデータを集めて解析にあたりましたが、熊本の地盤を解析する地層区分の判定に困難を来しました。その要因は４枚の阿蘇火砕流堆積物とその間に堆積した洪積層の判定でした。阿蘇火砕流堆積物の最後の噴出物のAso-4火砕流堆積物は未固結で白色軽石が主体であり、角閃石を含む特徴により地層判別が容易ですが、Aso-1火砕流堆積物とAso-2火砕流堆積物の岩相は近似し、またその間の堆積物にも特徴がないため、地層判別に困難が伴ったのです。この問題を打開する方法には4枚の火砕流堆積物が見られる深いボーリングが必要でしたが、多くのボーリングは充分な深度はなく、また、地域によっては４枚の火砕流堆積物すべてが分布しているわけではありません。極端にいえば、掘削中に４枚の火砕流堆積物がなければAso-4火砕流堆積物の下の洪積層や火砕流間堆積物の判定は困難であるということになります。このため、火砕流間の堆積物は時代判別ができず、今日まで未区分洪積層として記述されていました。さらに熊本市街地の地下に広く厚く分布する砥川溶岩は硬質の溶岩であり、また層厚も最大60mに及びます。この岩体は大量の地下水を含むことから多くの揚水データがあり、地下水の解析に有意ですが、この岩体より下位の地層のデータが少なく、地盤図作成には苦労しました。

　本研究では、各ボーリングデータを判読し、断面を編目状に作り確定できる地層を連結して、不確定な地層は確定できる地層から上下の地層の特徴を把握しながら周辺部へ広げていきました。このように網目状に地盤状況が判別できる情報網を作成しましたが、深井戸柱状図のデータ数は少なく、空白地帯が少なからず出ました。しかし、広範囲の地盤断面図を作成するため、東西南北にメッシュ状の地質断面線を設定して地域全体の地質がわかるようにして断面図を作成した。断面線上にないボーリングデー

タは東西南北の断面線に投影して断面図を作成していますので、実際の地層分布を推定した形になりますが、メッシュ状の地質断面図を作ることで全体の地質状況を把握するには有効な方法だと思います。

2002年には比較的浅いボーリングデータから熊本市付近の地質断面図を作成し、2010年には熊本平野（南北は山鹿から松橋、東西は白川河口から立野付近）の地質断面図を作成したことで熊本平野の地下構造が明瞭になりました。これにより、今まで使われていた未区分洪積層の時代関係が明らかになり、先阿蘇火山岩類と阿蘇-1火砕流堆積物との間に堆積した洪積層を「益城層群」と新称することにしました。

その後、阪神大震災や東日本大震災をみて、熊本でも地震発生の危険性が懸念されるので、急遽熊本地域の活断層を含めた地質構造の検討を行う深層地質断面図の作成に取り掛かりました。

深層ボーリングデータの多くは深さ200m 程度の井戸データであり、深層地質断面図に必要な情報は極めて少ない状況でした。断層の構造を捉えるためには深度1000m より深いデータを確保する事が必要でした。これらの大多数は温泉掘削データ故に入手が困難だったため、深層地質の解析に苦労しましたが、解明できる範囲での作成を試みました。また、今回の熊本地震の範囲は阿蘇地域にも及んでおり、熊本地域の地下水との繋がりも推定される事から、熊本地域から阿蘇地域までの水理基盤図の作成も試みました。

熊本地震発生前の2015年11月には、熊本地域の深層地質断面図が完成し、それに伴い布田川断層帯に新たに明白な断層が見られたので、それを「嘉島断層」と命名しました（2016年3月公表）。その後、その周辺の複数の断層とその落差などの解析を行い、布田川断層帯には特殊な構造が存在することが分かり、その原因解明を行っていた矢先に平成28年熊本地震が起こったのです。発生前に地震予測までに至らなかったことは大変残念でした。

深層ボーリングデータが少ないため、精密な地質断面図になっていないところもあることから公表する事が適切であるかどうかの議論はありましたが、本研究会としては熊本地震の全貌を知ってもらい、熊本の地下水保全や防災への啓蒙に役立てることを目的として、あえて製本して公表することにしました。そのため、ボーリングデータの少ないところでの地質断面図の深い位置にある地層の標高は推定値に基づくものであることを理解していただければと思います。また、深層地下水位の標高はパソコンによる図形処理に基づくもので、これもデータの少ないところでは精度に問題があることも理解していただき、その地質断面図を判断していただければと思います。

この本を多くの人に有意義に利用していただくために、今後既存のボーリングデータや新規のデータを追加し、より精度のよいものにすることが大切です。


本研究会は80歳前後の年寄りが無報酬で東海大学研究室の部屋をお借りしている状況でしたが、2018年からは研究場所がなくなり、空中分解の状況です。このような社会基盤を支える地盤図などは県民の財産であり、将来にわたり精度のよいものに更新していく必要があります。そのためにもしっかりした組織の下で研究が続けられることを願っております。

この熊本の地は過去にもこのような大地震を繰り返し経験しています。その過去の上に今日があるのですから、しっかり頑張りましょう。次の世代のためにも。

2019年7月

熊本地盤研究会　代表者　中山　洋

# 目次

1．地質断面図の作成方法と対象範囲の地形・地質の特徴 ……………………………………… 1

　1．1　地質断面図の作成方法 …………………………………………………………………… 1

　1．2　対象範囲の地形・地質の特徴 …………………………………………………………… 5

　1．3　地盤を構成している岩石の特徴と地下水の認識における地層区分のメリット ……… 6

　1．4　地質断面図索引方法について …………………………………………………………… 10

　　　　1．4．1　特殊記号（KD75-2035）の説明 ……………………………………………… 10

2．　地層区分の説明 ……………………………………………………………………………… 11

　2．1　火山灰土（Kb,Ab）………………………………………………………………………… 12

　2．2　沖積層（Al）……………………………………………………………………………… 12

　2．3　崖錐堆積物（dt）………………………………………………………………………… 13

　2．4　段丘堆積物（Tl,Tm）…………………………………………………………………… 13

　2．5　阿蘇中央火口丘噴出物（Nv）…………………………………………………………… 14

　2．6　阿蘇-4火砕流堆積物（Aso-4）………………………………………………………… 14

　2．7　高遊原溶岩（TK）大峰軽石層（Om）…………………………………………………… 14

　2．8　4/3間堆積物（4/3）……………………………………………………………………… 15

　2．9　阿蘇-3火砕流堆積物（Aso-3）………………………………………………………… 15

　2．10　3/2間堆積物（3/2）　金峰山新期噴出物（It）……………………………………… 16

　2．11　阿蘇-2火砕流堆積物（Aso-2）………………………………………………………… 16

　2．12　砥川溶岩（Tv）…………………………………………………………………………… 17

　2．13　2/1間堆積物（2/1），2/1間溶岩（2/1 La）………………………………………… 18

　2．14　阿蘇-1火砕流堆積物（Aso-1）………………………………………………………… 19

　2．15　益城層群（D）…………………………………………………………………………… 19

　2．16　先阿蘇火山岩類とそれ以前の地層 …………………………………………………… 20

　　　　2．16．1　先阿蘇火山岩類（Pa），玄武岩質岩石（b）……………………………… 20

　　　　2．16．2　古第三紀・新第三紀堆積物（mt）………………………………………… 21

　　　　2．16．3　中生層（M）………………………………………………………………… 22

　　　　2．16．4　花崗岩類（Gr）……………………………………………………………… 22

　　　　2．16．5　変成岩類（mr）……………………………………………………………… 22

　　　　2．16．6　石灰岩（Lm）………………………………………………………………… 23

　　　　2．16．7　超苦鉄質岩類（um）………………………………………………………… 23

　　　　2．16．8　変はんれい岩（Mg）………………………………………………………… 23

3．　深層地下水位標高図 ………………………………………………………………………… 38

4．　地質構造 ……………………………………………………………………………………… 42

　4．1　断層 ………………………………………………………………………………………… 42

　4．2　対象地域に分布する断層 ………………………………………………………………… 42

5．地質断面図の説明と深層地下水位 ………………………………………………………… 45

　　　　図-5.1　A-A'（JD71-JD77H1）断面図 ……………………………………………… 45

　　　　図-5.2　B-B'（JD81-JD88H1）断面図 ……………………………………………… 45

　　　　図-5.3　C-C'（JD91-JD99H1）断面図 ……………………………………………… 46

図-5.4　D-D'（KD01-KD09H1）断面図　………………………………………………46

図-5.5　E-E'（KD11-KD19H1）断面図　………………………………………………46

図-5.6　F-F'（KD21-KD29H1）断面図　………………………………………………47

図-5.7　G-G'（KD31-KD39H1）断面図　………………………………………………47

図-5.8　H-H'（KD41-KD49H1）断面図　………………………………………………47

図-5.9　$I_1$-$I_1$'（KD51-KD59H1）断面図　………………………………………………47

図-5.10　$J_1$-$J_1$'（KD61-KD69H1）断面図　……………………………………………48

図-5.11　$K_1$-$K_1$'（KD71-KD79H1）断面図　……………………………………………48

図-5.12　$L_1$-$L_1$'（KD81-KD89H1）断面図　……………………………………………49

図-5.13　M-M'（KD91-KD99H1）断面図　……………………………………………49

図-5.14　N-N'（LD01-LD07H1）断面図　……………………………………………50

図-5.15　O-O'（LD11-LD17H1）断面図　……………………………………………50

図-5.16　P-P'（LD21-LD27H1）断面図　……………………………………………50

図-5.17　Q-Q'（LD31-LD37H1）断面図　……………………………………………51

図-5.18　1-1'（JD71-LD31V1）断面図　………………………………………………51

図-5.19　3-3'（JD71-LD31V3）断面図　………………………………………………51

図-5.20　5-5'（JD72-LD32V1）断面図　………………………………………………51

図-5.21　7-7'（JD72-LD32V3）断面図　………………………………………………52

図-5.22　9-9'（JD73-LD33V1）断面図　………………………………………………52

図-5.23　11-11'（JD73-LD33V3）断面図　……………………………………………52

図-5.24　13-13'（JD74-LD34V1）断面図　……………………………………………53

図-5.25　15-15'（JD74-LD34V3）断面図　……………………………………………53

図-5.26　17-17'（JD75-LD35V1）断面図　……………………………………………53

図-5.27　19-19'（JD75-LD35V3）断面図　……………………………………………54

図-5.28　21-21'（JD76-LD36V1）断面図　……………………………………………54

図-5.29　23-23'（JD76-LD36V3）断面図　……………………………………………55

図-5.30　25-25'（JD77-LD37V1）断面図　……………………………………………55

図-5.31　27-27'（JD77-KD87V3）断面図　……………………………………………56

図-5.32　29-29'（JD78-KD88V1）断面図　……………………………………………56

図-5.33　31-31'（JD78-KD88V3）断面図　……………………………………………57

図-5.34　33-33'（JD79-KD89V1）断面図　……………………………………………57

図-5.35　35-35'（JD79-KD89V3）断面図　……………………………………………57

図-5.36　37-37'（JE70-KE80V1）断面図　……………………………………………57

６．熊本の地盤から捉える熊本地震　………………………………………………94

　６．１　熊本地震と活断層　………………………………………………………94

　６．２　益城町を通る木山断層の発生要因とその動き　………………………95

　６．３　熊本地震で出現した地表地震断層と地質構造　………………………98

　６．４　熊本地域および阿蘇地域の基盤岩類の分布　…………………………99

　６．５　熊本地震から見えること　……………………………………………106

あとがき　………………………………………………………………………………108

参考文献　………………………………………………………………………………111

ix

# 1. 地質断面図の作成方法と対象範囲の地形・地質の特徴

## 1.1 地質断面図の作成方法

1）地質断面図の作成対象範囲として、北西は山鹿市街の北西約10kmの板楠付近から南東は山都町（旧矢部町）相藤寺付近まで東西36km南北48Kmの長方形としたが、対象範囲の右下の山間部と右上の大分県の部分は今回の対象範囲から外した。図-1.1にその範囲を示す。

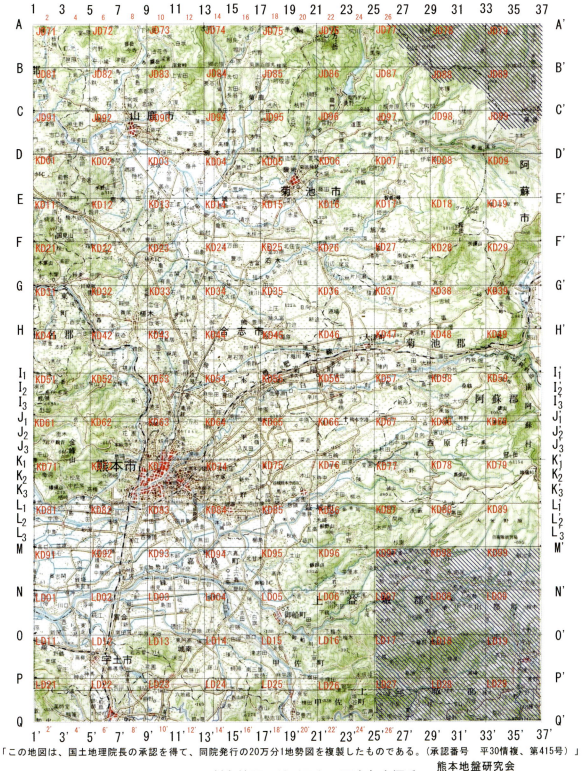

「この地図は、国土地理院長の承認を得て、同院発行の20万分1地勢図を複製したものである。（承認番号　平30情複、第415号）」

熊本地盤研究会

図-1.1　対象範囲の地形図と平面直角座標系

2）座標系は平面直角座標系[1]を使用し、図番号としてJD71からKD89に至る正方形とKD91からLD26間の長方形の範囲である（図-1.1）。

3）行政区域としては、山鹿市、菊池市、合志市、熊本市、宇土市と宇城市の一部、阿蘇市の一部、阿蘇郡西原村、南阿蘇村の一部、玉名郡和水町と玉東町の一部、上益城郡嘉島町、益城町、御船町、甲佐町と山都町の一部を含んでいる（図-1.2）。

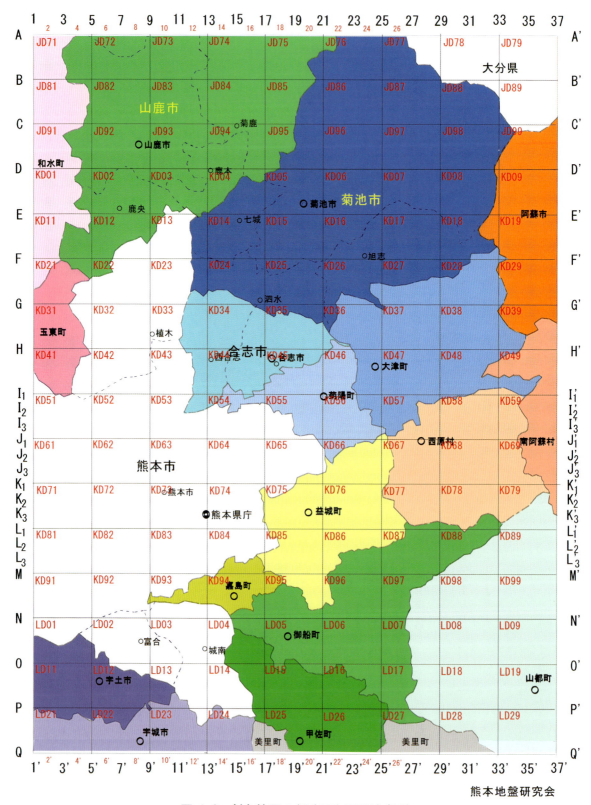

図-1.2　対象範囲の行政区と平面直角系

4）地質断面線は、東西断面は３km 間隔に区切り北から A-A' とし、A から Q までの17断面とした。南北断面は２km 間隔で西より1-1'、3-3'…として順次番号をつけて19断面作成した。

5）各断面線の地表面標高は国土地理院の50mメッシュ標高を読み取って用いた。なお、地質断面図の縦スケールは横スケールの約20倍で表現している。

6）地質断面は、地盤情報データベースの断面図作成システム[2]を使用し、断面作成の始点と終点を決め、その断面線を中心として幅約500mの範囲に存在するボーリング柱状図を断面線に垂直に投影させている。

7）ボーリング柱状図に記載されている地層の色調や観測記述の特徴、N値、電気検層の比抵抗値などを考慮して地層区分を行った。

8）地層区分したボーリング柱状図から各地層を対比し地質断面図を作成した。

9）ボーリング位置が断面線から離れている場合、地表面標高とボーリング掘削場所の標高が異なることにより地層区分の深度に違いが生じるが、周囲の地形などを勘案して見れば、大局的に断面図作成には大きな支障はないと考えられる。

10）ボーリング位置を地形図（平面直角座標系つき）にプロットし、井戸番号や調査ボーリング番号を記載した（図-1.3）。なお、調査ボーリング番号（75-2035など）の付け方については「1.4.1 特殊記号（KD75-2035）の説明」を参考にされたし。

11）各断面図には、断面線が交差する場所に記号（例えば、KD73V1など）をつけ、その付近の地名をつけている。また、断面線上に存在する河川や道路、鉄道名を付けている。

12）地質図は参考文献をもとに、凡例に示した地層区分で作成した。そのため山間部に分布する古い堆積岩や先阿蘇火山岩類などは細分化していないが、熊本平野の地下地盤を構成している阿蘇火砕流堆積物は Aso-1,2,3,4など細かく表現している。

13）断層は熊本市周辺地盤図[3]や表層地質図「御船」[4]（５万分の１）などを参考にして地質断面線位置図に図化するとともに、断層と交差する地質断面図にも記載した。

14）断層の中で、布田川断層[5]は断層を境にして地層が大きく異なり、その存在が明確であるので実線で記載したが、立田山断層[6]と木山断層[7]では断層による地層の落差が不明であったので、存在すると思われる地点に断層名と破線で記載した。

15）前回発行の『熊本地域の地質断面図』（2014年）では地下200mまでの地質断面図としたが、今回は地下約1000mまでの地質断面図を作成した。深い部分については重力異常図を参考にしたが深いボーリングデータが少ないため正確さに欠ける点がある。

16）水理基盤を先阿蘇火山岩類以前の岩石とみなし、それらの岩体・地層の上面標高分布図を熊本市東部の阿蘇火山を含む範囲（JE70から LE28までの東西36km、南北48km）にわたって作成した。

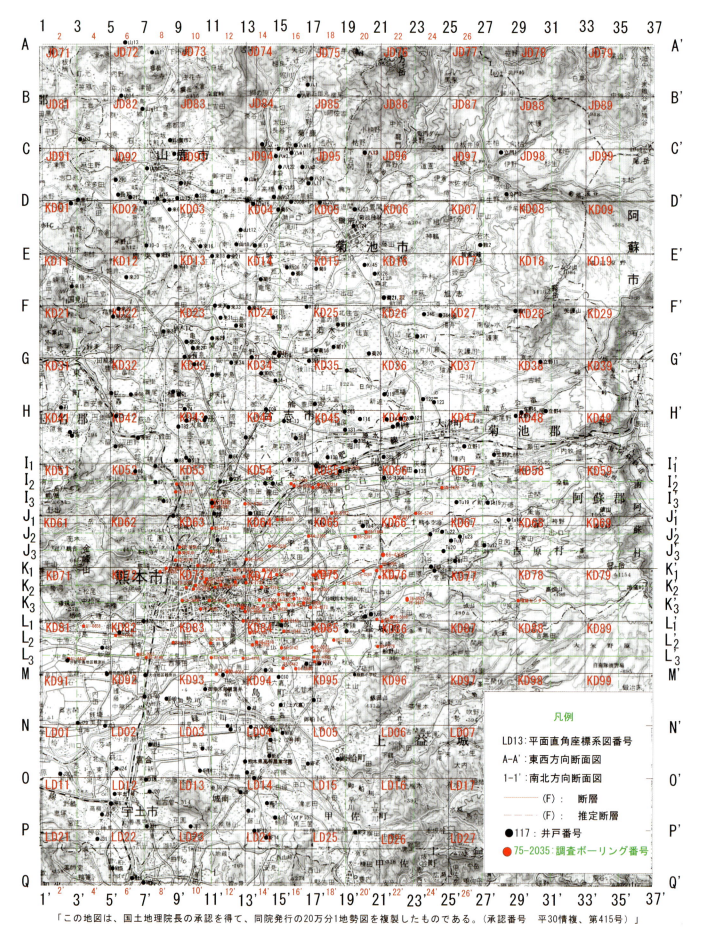

図-1.3 ボーリング位置図

熊本地盤研究会

## 1.2　対象範囲の地形・地質の特徴

　対象地区の北部には山鹿市と菊池市を結ぶ半月状の盆地が見られ、南には熊本市南方に広がる熊本平野が存在する。両者の間には標高100mまでの台地（菊池台地・花房台地・託麻台地など）が広がっている。熊本平野の西側は白川、緑川の河口となり有明海に流れる開かれた地形を示しているが、その他の方位には山が存在し、山鹿市・菊池市・合志市・大津町・菊陽町・熊本市北部は周囲の山に閉ざされている地形である。とくに対象地域の東部には1000mに及ぶ高くて先阿蘇火山岩類からなる阿蘇外輪山が存在し、西風からもたらされた雨は外輪山斜面域に豊富な地下水をもたらしていると考えられる。

　対象地区の大きな河川は北から菊池川、中部に白川、南部に緑川があり、いずれの河川も東部に水源地を持ち、ほぼ西に流れている。菊池川は菊池水源から菊池市、山鹿市を通り花崗岩の山間部を抜けて玉名市から有明海に流れている。白川は阿蘇カルデラ内に水源地を持ち立野火口瀬から熊本市を通り、有明海へと流れている。緑川は九州山脈に水源地を持ち甲佐町・御船町・熊本市南部を通り有明海にそそいでいる。これらの河川の低地に未固結の砂や粘土が堆積物している。上記の台地は益城層群（これまで未区分洪積層としていたもの）の上に阿蘇カルデラ形成時に噴出した4回の火砕流堆積物（Aso-1～Aso-4）が厚く堆積したもので、火砕流噴出間の堆積物（2/1間堆積物、3/2間堆積物、4/3堆積物）を挟んでいる。また、台地の上部は段丘堆積物（菊池砂礫層・託麻砂礫層・保田窪砂礫層）と阿蘇中央火口から出た火山灰が風化してできた火山灰土が覆っている（地質図では火山灰土を割愛している）。

　対象地区の北部には三郡変成岩とそれに貫入した花崗岩類が分布している。またその上に低角度で乗り上げてきた変はんれい岩（Meta gabbro）が見られるが西側には変はんれい岩は見られない。西部の中央付近は金峰山の噴出物が存在し、山頂付近はドーム状の新期噴出物が見られ、その周囲にはカルデラ内に堆積した芳野層（本書では益城層群に含めている）がある。対象地区の南部は肥後変成岩が分布しその上に中生代の堆積物が見られる。また、西側には宇土半島を形成している火山岩類が存在している。

　菊池市北東部の菊池水源付近と益城町東部には山間部の谷間を埋めた4回の阿蘇火砕流堆積物が見られるが、台地と低地部は阿蘇-4火砕流堆積物と段丘堆積物が覆い、阿蘇-3火砕流堆積物以前のものは堆積しているのかどうかは表層地質図では分からない。今回の地質断面図によって明らかにされるものである。表層概略地質を図-1.4に、地層名などは図-1.5の凡例図に示す。

　この本の作成目的の一つは地下水の賦存状況を把握することであるので、地下水に密接に関係する地質および地質構造について簡単に説明する。地下水は地層内の岩石の性質に支配され、岩石では割れ目、未固結の粒子の空隙などに存在し、その空隙が大きければ大きいほど、また連続性が高ければ高いほど多くの地下水を胚胎することができる。逆に、岩石が緻密で割れ目が少ない場合や割れ目が多くても密着している場合は地下水の存在は乏しい。また割れ目が多い岩石でも隙間に充填されたものが風化を受けて粘土化する岩質のものも地下水の賦存は少ない。これらの性質を概略的に知る方法は地層区分をすることにより大体の性格を推定することができる。変成岩類や古生層堆積物は地質図の北西部から南東部に点々と分布しているのが見られるが、一般的に難透水性であり、これらは地下で連なり難透水性の水理基盤として重要な働きをしている。また透水性岩石とし、熊本市街地の地下に広く分布し、熊本市の主要水源地の採水層として認識されている砥川溶岩は表層地質図では益城町赤井や嘉島町北甘木にわずかに見られるのみである。しかし、地質断面図によりその拡がりを知ることができる。さらに、地下水を胚胎する層は厚いほど多量の地下水を含むことができる。熊本地区は北東から南西方向の、北部は北西から東南東方向の断層が見られ、それに付随して地溝帯が発達している。地溝帯は時間をかけて沈

下しており、その上に透水性の良い堆積物が厚く堆積すれば優れた帯水層となる。

このような地質構造（盆地構造や地溝帯）と亀裂の多い阿蘇火砕流堆積物、砥川溶岩などの火山噴出物の存在が世界に誇れる地下水都市熊本の存在を生じせしめたものである。われわれが生存する間は地質や地質構造には大きな変化はないと考えられるが、われわれの生活活動による地下水の汚染や水量の減少が顕著になりかけており、危機感を認識する必要がある。地下の汚染が一度起これば、その範囲は広大な地域にかつ深部にまで及ぶので、今の科学技術では半永久的に浄化はできない可能性がある。地下に有害となる化学物質を浸透させないこと、硝酸性窒素となる肥料や畜産し尿排出などの削減を進めるとともに、地下水涵養地の整地や拡大が必要である。さらに、各地区の水源涵養地を正確に把握し、複数の水源地を作り、毎年に取水水源を交換させて涵養地を休ませ、後世に受け継げる安全で豊富な水確保の対策を真剣に考えることが緊急課題である。当然ながら涵養地は自然の姿を大きく改変しないようにしておくことなど配慮が必要である。

## 1.3　地盤を構成している岩石の特徴と地下水の認識における地層区分のメリット

われわれは生活している地盤が堅固であると考えているため日々安心して生活している。しかし、地震による建物や道路・鉄道などの公共施設の崩壊や損傷、豪雨による斜面災害が起こると、われわれの足元の地盤がどのようなものであるか心配になることがある。災害が起きるか起きないかは地盤の強度と外力との関係であり、地盤の強度が外力より大きければ建物などの崩壊や損傷がなく災害にならないが、逆に外力が地盤の強度より大きければ建物などの崩壊や損傷が起こり災害になる。このように、地盤の強度が地盤の安全性に大きく関与しているので、一般的に軟弱な地盤は危険度が高く、固結した岩石は危険度が低いと考えられる。軟弱な地盤とは粘土・砂・砂礫などの未固結な堆積物からなり、地質的に新しい時代の堆積物、すなわち沖積層が代表的である。粘土層は多くの水分を含み軟弱であり、損傷を受けやすい主要な地層である。また、地表面近くにあり地下水面下の砂は地震などの振動により液状化を起こし、建物を支える力（支持力）を極端に低下させ災害につながるものである。

近代において、人口の増加により都市化が進み、低地に高い建物を建てる必要性が生じたことから軟弱地盤対策の研究分野である土質工学が発展してきた。現代では軟弱地盤から軟岩を含む地盤を対象とした地盤工学も進展している。地盤の強度を知るには、一般的にボーリングによる掘削孔での標準貫入試験（N値）などが行われており、地盤の支持力を計算し建物などの安全性を考えて設計施工されている。

大まかに地盤の強度を知るには、粘土・砂・砂礫などの未固結なものと固結した岩石とを分類すればよいことになり、地層区分の必要性はないように見受けられる。しかし、粘土・砂・礫などの本来未固結なものでも時代が古いものほど締りがよく粒子間の固結物質により強度が増す。とくに岩石では地質年代が古くなるほどその差が大きく出る傾向にある。また、構造物の調査地点はポイントの情報であり、調査数が少なければその少数データから平面的な地盤情報を推定するため、地盤の局部的な変化（例えば、断層の存在により軟弱地盤と堅固な地盤との境目など）を見逃す恐れがある。経済的制限がなければ数多くのボーリングによる地層状況やN値による強度調査などの地盤調査ができるが、少数の調査データから精度のよい地盤情報を得るには地質的事象を考慮した判断が有効である。

ここで地質的判断とは具体的には岩石の特徴を把握することと地盤を地層区分すること、断層などの地質構造を考えることである。まず岩石の特徴として、火成岩はマグマ（岩漿）が深部でゆっくり固まった深成岩、地表に噴出して急冷してできた火山岩に分類される。深成岩はゆっくり冷えて固まっている

ため岩石を構成している鉱物の結晶は大きくお互いに強く結合しているので、均質で堅固であり良質な基盤となっている。これに比べて火山岩はマグマが急冷するため造岩鉱物の結晶は細かい状態でガラス化している割合が多いことと、マグマ中の揮発成分（ガス）の噴出、急冷に伴う体積減少が亀裂（節理）を生じさせるため均質性に乏しく、さらに分布範囲が狭く、層厚もさほど厚くない溶岩も多い。熊本では、火山が火砕流など高温で粘性のある噴出物を出すと、厚くたまった火山灰や岩滓などが温度と圧力で溶結して固まった溶結凝灰岩となる。特に阿蘇-1火砕流堆積物（Aso-1）や阿蘇-2火砕流堆積物（Aso-2）に見られ、強度的には硬岩から軟岩程度であるが、冷却時の堆積変化による亀裂（柱状節理や板状節理）が顕著である。

　変成岩は造山運動に伴う高圧低温下で作られた動力変成岩（広域変成岩）と高温下で変成を受けて鉱物が変化した熱変成岩（接触変成岩）に分類される。動力変成岩は高圧下で生成されているために鉱物が同じ方向に並んだ構造（片理面）を有しているのでその方向に割れやすくなっている。また造山運動に伴うせん断力によって亀裂の多い構造を持っていて岩体としての強度低下をもたらしている。代表的な岩石は片麻岩・片岩・千枚岩である。熱変成岩は花崗岩などの深成岩に接触され高温下で長く置かれたために鉱物が再結晶して別の岩石に変化したもので、代表的なものは大理石やホルンフェルスである。これらの岩石は均質で堅固であるが分布範囲は他の岩石に比較して狭い。

　堆積岩とは、すでにある岩石が風化作用や侵食作用による粘土や砂などの物質（砕屑物）がほかの場所に運ばれて堆積したもので泥岩、砂岩、礫岩などが代表的である。古くなると厚くたまって自重の圧力で脱水、圧密作用で密度を増し硬くなると同時に粒子間にセメント鉱物による固化作用で岩石となる。粘土が固結した泥岩などは粘土鉱物そのものの強度が低いので岩石の強度はあまり期待できないが、硬い石英質の粒子が固まった砂岩などは硬い岩石（硬砂岩）となる。堆積岩は自重圧力の継続時間に左右されるために一般に古い岩石ほど硬く、新しくなるに従い強度が低下する傾向にあるが、最も新しい堆積物は固結せず粘土、シルト、砂などと表現している。

　このように岩石の生成環境（火成岩・変成岩・堆積岩）により、それぞれの特性が見られるとともに、分布範囲や層厚が推定できるので、これらの地質情報は基礎地盤の工学的性質や強度の判断に有効な情報となる。また、地盤環境に関する問題、特に地下水の汚染や汲み上げ量の増加による地下水位低下などの環境保全が急務となっている。これらの問題を解決するには地下構造、特に水を多く含む地層の連続性や層厚などの情報を得ることが大切である。

　地質と地下水の関係を考えると、地下水は地盤の空隙に存在し、重力の作用によって流れている。未固結の砂や礫や岩石などの割れ目・節理などによる空隙は良質な水みちとなっている。他方、粘土は土粒子間の空隙は多いが、間隙に存在する水分子が粘土表面に働いている電荷作用により吸着されているために粒子間の水が流動化しないので、一般的に難透水性といわれている。地下水の存在する場所や水みちを探す場合、未固結の砂や砂礫、岩石の割れ目・節理を見つけることが重要である。未固結の砂や礫は沖積層に存在し、多くは平地を形成している。後背地が山地であり、山地に降った雨が地中浸透して地下水となり、地下で沖積層の砂層や砂礫層に連結すれば良質な地下水脈となる。

　岩石の割れ目には溶岩が冷却時の体積縮小による亀裂（節理）と造山運動による地質構造的な要因によるものがあり、また広範囲に起こる大陸の移動に伴う断層による地盤の変位が大きな要因となる。特に引っ張り力によって生じる正断層間の地盤の沈降帯（地溝帯）では地盤間に生じた亀裂は地溝帯の広がりが進むにつれて広がっていき空隙の大きい地盤となっていく。このようなところは地下水の多く集

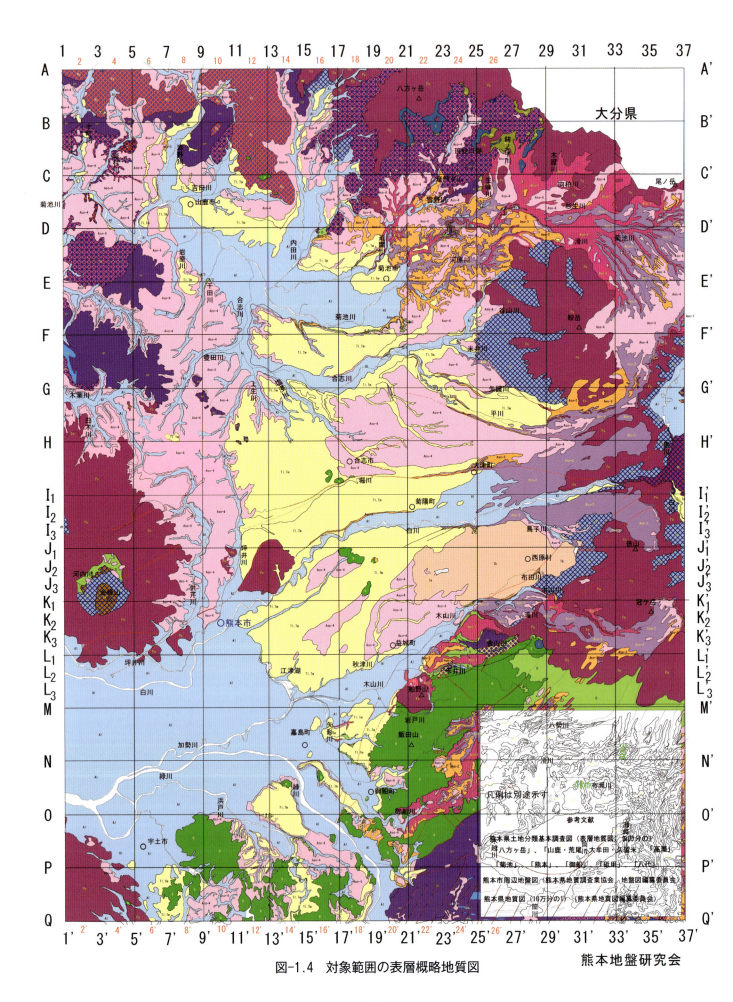

図-1.4 対象範囲の表層概略地質図

熊本地盤研究会

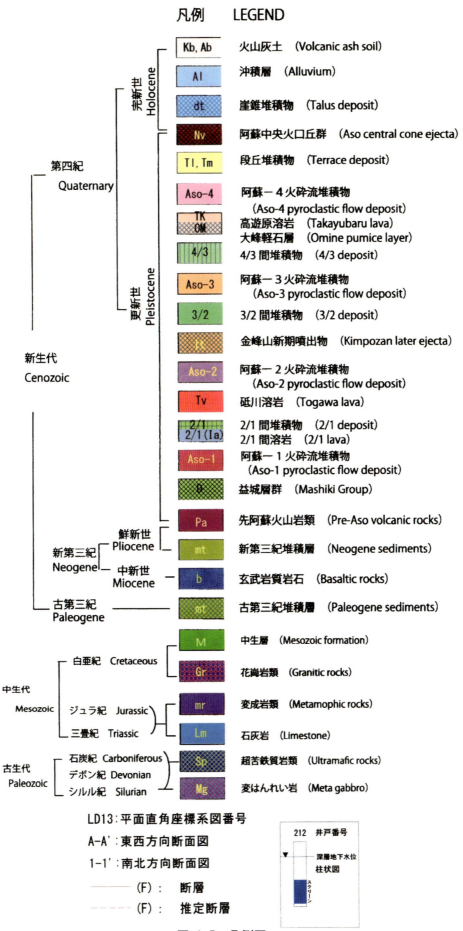

図-1.5 凡例図

まる地下水盆地へと成長していく。

　岩石の亀裂間に挟まる破砕された岩片が風化し粘土化すると亀裂がふさがれ地下水が流れにくくなるが、この可能性がある岩石は粘土やシルトからなる泥岩・頁岩・粘板岩、変成岩では千枚岩・黒色片岩、火山岩では凝灰岩・凝灰角礫岩などである。逆に堆積岩では砂質や石英質の岩石（硬質砂岩・チャートなどで風化に強いもの）、変成岩では砂質片岩・角閃岩、片麻岩および火成岩の溶岩では風化されにくいので空隙を水が通過することができる。

　このように地下水を考える場合、地下水の存在する地層と地質構造を知ることが最も重要である。地下水の存在する地層の分布と地層の傾斜方向から地下水の流下方向を調べるとともに、この地層に連続していて地下水を含む地層の上流側を追いかけると地下水涵養地帯を推定できる。さらに、地質的構造的判断により亀裂方向に沿う地下水流動方向の推定、帯水層の層厚や分布範囲を考慮することによって地下水の貯留量を推定できるものと考える。

## 1.4　地質断面図索引方法について
### 1.4.1　特殊記号（KD75-2035）の説明

　地球は球形であるので表面の位置を表示する方法として緯度・経度で表す方法が正確であるが経線は赤道を離れるほど間隔が狭くなる。また緯度についても、同じ1度間隔であっても緯度によって距離が異なる。解析結果を面積的に考察することを必要とする場合は距離座標に立脚したメッシュのほうが便利である。われわれが入手できる距離座標に基づく地図としては1/5,000国土基本図であり、平面直角座標系では九州周辺を図-1.6のように東西4km, 南北3kmのブロックとして表現している（熊本市周辺はKD図郭になる）。さらにこのブロックは100個に分割され図-1.7のように示される。ここで、例えばこのブロックが「KD」であり「75」の区画であれば「KD75」と表現される。さらにこの区画を50mメッシュで区切れば南北方向（I方向）に60等分、東西方向（J方向）に80等分されるので、各メッシュの場所を（I, J）で表すことができる。I=20, J=35の場所は（20,35）と表わせ、上記した一連の座標系を「KD75-2035」として表現できる（図-1.8参照）。なお、この本では、熊本市周辺の「KD」区画しか使用していないのでボーリング位置図と地質断面図では「KD」は省略している。

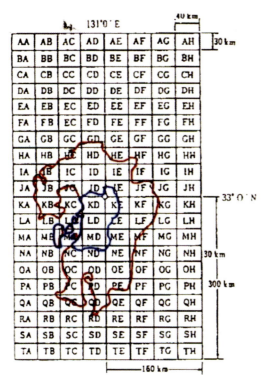

図-1.6　国土基本図図郭のブロック化

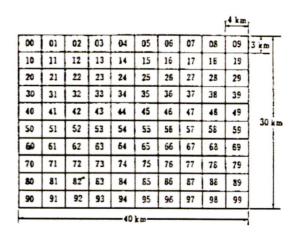

図-1.7　1/5,000 国土基本図の区画

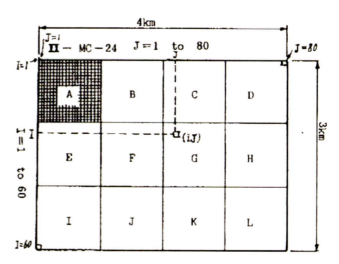

図-1.8　1/5,000 国土基本図の1kmおよび50mメッシュ分割図

## 2. 地層区分の説明

「熊本地域の地質断面図」の地層区分は、熊本地盤研究会の『熊本周辺の地質断面図』（2010年）の地層区分によった。その上に新たに分布する地層を追加した。追加した地層は新第三紀堆積物より古い地層群であり、いわゆる水理地質基盤とされるものである。先阿蘇火山岩類と古い地層群は文献の地質図（土地分類基本調査5万分の1表層地質図「熊本」[8]「高瀬」[9]「菊池」[10]「御船」[4]「砥用」[11]「八代」[12]「荒尾　山鹿　大牟田　久留米」[13]「八方ヶ岳」[14] 及び「熊本市周辺地盤図」[3] と「熊本県地質図」[15]）を参考にした。

断面図の地層区分に用いた資料は深井戸柱状図であり、水理地質基盤を構成する新第三紀堆積物より古い地層に深く掘り込んで記録したものは少ない。大部分の深井戸が水理地質基盤に達したところで終わり、水理地質基盤の地質確認でとどまっている。

「熊本周辺の地質断面図」には白川下流部低地帯の厚い沖積層を細区分（上部砂層から島原海湾層まで6層に区分）されているが、この本の断面図では単一の沖積層とした。

以下に地質断面図凡例の地層区分毎に地層上面の標高図を20万分の１の地図に結合レイヤーとして示した（図-2.1～図-2.14）。以下に各地質区分毎に概要を説明し、熊本地域の地下水に関連した水理地質情報について記述する。

## 2.1　火山灰土（Kb, Ab）

　火山灰土（以下 Kb, Ab と表示する）は山麓のゆるい斜面・火砕流台地・段丘面を覆い広範囲に分布する。黒色の有機質火山灰土（黒ボク Kb）と褐色の粘土質火山灰（赤ボク Ab）からなる。深井戸柱状図に軽石凝灰岩（Aso-4）や段丘堆積物（Tl, Tm）の上に黒ボク・赤ボク・粘土・火山灰質粘土・表土などと記載された部分である。なお、沖積低地の柱状図に表土粘土などと記載されるものは土質が同じであっても堆積環境や年代の異なるものであり、Kb, Ab には分類していない。

　植木の火砕流台地や西合志・大津菊陽の段丘面の深井戸柱状図には本層の厚さについて５～６ｍの記載例が多い。託麻台地東部には10ｍに達する記録もある（井戸番号66-0217）。

　斜面の断面図に分布が示されているところは厚さ２ｍ以上の堆積があって広がりのあるところである。Kb, Ab は阿蘇中央火口丘群の噴火に伴う降下火山灰起源であることから山地の斜面にも堆積分布するはずであるが深井戸記録がない斜面の断面図には表していない。

## 2.2　沖積層（Al）

　沖積層（以下 Al とする）は粘土・砂・礫・玉石などから構成され未固結の空隙に富む地層である。沖積層が広く分布するところは菊池川中流域の低地と白川・緑川下流域の熊本平野である。阿蘇外輪山西麓台地を刻む中小河川の低地にも狭隘な分布がある。菊池川中流域の厚いところでは10ｍ程度、一般には５～６ｍである。熊本平野には60ｍに達するところもある。合志川と菊池川の合流部の低地に厚い段丘堆積物（以下 Tl, Tm と表示する）の分布を表しているが（断面Ｅ井戸番号来16,18）この中の一部に Al を含む可能性がある。柱状図に土質構成と共に色調の記載があれば分類は容易である。すなわち暗灰色・灰色など還元色の場合は Al に分類し、褐色・灰褐色など酸化色を示す砂礫であれば Tl, Tm に分類することが出来る。

　大部分は地下水面下に分布し帯水層を形成する。Al に対して深井戸による取水はないが、菊池川右岸部に山鹿市水道局の浅井戸水源がある。緑川中流域の右岸部にも浅井戸水源が知られている。これら浅井戸水源の地下水は河川水の伏流浸透で涵養されている。

　厚い Al が分布する熊本平野は一部に地盤沈下が生じ、昭和46年に環境庁（現在は環境省）は熊本平野西部低地帯を“地盤沈下地域”として指摘、国・県・市の関係機関で１級水準測量を開始し、その結果昭和49年から平成９年までの23年間に最大31.5cm の累積沈下が観測されている[16]。なお平成11年以降には地盤沈下は沈静化しているようである。地盤沈下の最大の原因は地下水のくみ上げによる水位低下であるが、近年農業用水の汲み上げやその他の揚水量も少なくなり、地下水位の回復が見られるようになったことが沈静化につながったと見られる。農業用水・都市活動用水・水道用水などにも Al から直接取水しているのはないものの、直下の Tl, Tm や4/3間堆積物などからの取水が見られ、これによる水位低下が Al の厚い粘土層の圧密現象を起こしている。

## 2.3 崖錐堆積物（dt）

　山腹の斜面堆積物である。崩積土や扇状地堆積物を含めて崖錐堆積物（以下 dt とする）に分類した。断面図に表した主な分布地域は阿蘇外輪山西側の斜面（断面 E 〜 J）や金峰山北斜面（断面 K）などである。

　阿蘇外輪山西斜面に深井戸柱状図３本がありそのひとつに dt の厚さ56m の記録がある（断面 F　井戸番号鞍１）。ほかの２本は厚さ13m（井戸番号立11）と４m（井戸番号鞍２）であり、dt の厚さには大きな違いがある。

　岩質は玉石転石を含む礫混じり粘土・粘土混じり礫である。分級度の低い土石の混合物からなり未固結で空隙に富む地層である。この層の末端部付近にはしばしば大きな湧水がある。菊池市の若木の湧水（断面 E,27）はそのひとつで合志川の源流の一つになっている。合志川の支流米井川・二鹿来川（ほたるの里）の流れも本層の分布地域から発生している。矢護川上流の真木付近の湧水群（断面 G,29）は渓谷の流れが dt に伏流浸透して湧出したものである。

　dt の大部分は地下水面より高いところに分布するが、その末端部付近は浸透水や伏流水の出口になりそこに湧水群が形成される。このような位置に浅井戸の水源井が設けられ、1000㎥/d の揚水実績（旭志村小川地区）がある。

## 2.4 段丘堆積物（Tl,Tm）

　保田窪砂礫・託麻砂礫およびこれらの相当層である。菊池地域には原層[17]や菊池礫層がこれに当たる。台地の深井戸柱状図には阿蘇-4火砕流堆積物（以下 Aso-4 とする）の上に粘土交じり砂礫や砂などと記載されている地層を段丘堆積物（以下 Tl,Tm とする）に分類したものである。既存の地質図に段丘堆積物の記載のない台地（植木・大津地域）にもその存在が追跡されている。Tl,Tm の分布は図-2.1に示すとおりである。

　合志・旭志・大津地域と菊池地域では標高100〜200m の高い位置に分布する。西合志・菊陽・植木および託麻台地一帯は標高50〜100m にあり、Tl,Tm 台地面を構成する。

　菊池川中流域の台地と熊本地域の健軍から益城町にかけての台地は標高50m 以下になる。熊本地域南部では Al に覆われ標高0m から南西に向かって低下し-60m 付近まで下がる。

　火砕流台地の上面や段丘面を形成する Tl,Tm の厚さは５〜10m 程度であるが菊池川中流域には Aso-4 が侵食され Tl,Tm に置き換えられてその厚さは30m に達する。白川中流域では Aso-4 から Aso-3 まで侵食され Aso-2 にくい込んだ分布が見られ、Tl,Tm の厚さは40m を超えるところもある。熊本地域南部の標高０m 以下の分布地区は厚さ10〜20m が認められ、Tl,Tm の下位には Aso-4 が連続して分布している。

　深井戸柱状図の地質名は砂礫・玉石混じり砂礫・粘土交じり砂礫などと礫質土の記載が殆どである。さらに色調が記入されている場合は褐色〜灰褐色と酸化色の事例が多い。

　未固結の高透水層であり、地下水面以下に分布すれば優れた帯水層である。地下水面上にあっては灌漑水や雨水浸透による地下水涵養に大きな役割を持つ地層である。白川中流域は Aso-4〜Aso-3 が Tl,Tm に置き換えられ、帯水層として評価の高い Aso-2 に食い込んで分布するところであり、地下水涵養地として非常に優れた地質条件ができている（断面 I₁・I₂）。地下水涵養に関するこのような地質的好条件は反面地下水汚染に対して弱点になることにも注意しなければならない。地下水位の低いとき

はますますその条件は強調される。

## 2.5 阿蘇中央火口丘噴出物（Nv）

阿蘇カルデラ内の中央火口丘群を構成する[17),18)]。その一部が立野火口瀬に流れ込んでいる。阿蘇カルデラ内に2～3層の湖水堆積物が形成されており[15)]立野火口瀬の閉塞と開削が複数回繰り返されたことを示している。

立野火口瀬に分布堆積する中央火口丘溶岩には鮎帰ノ滝溶岩・栃ノ木溶岩・立野溶岩・赤瀬溶岩がある。これらの溶岩の形成年代から阿蘇谷の湖水の盛衰やTl,Tmの堆積経過を知ることができる。

## 2.6 阿蘇-4火砕流堆積物（Aso-4）

阿蘇外輪山の周囲に広く分布していて地層区分する上で特徴的な鍵層になる地層である。分布範囲は外輪山尾根部の標高1000m以上から熊本平野部の標高-60mまで追跡される。図-2.2に分布図を示す。

植木・合志・菊陽の台地部に厚さ40～50mの厚い堆積がある（断面F・G・H）。熊本平野低地部には厚さ10～20mがおおむね連続して追跡される。

外輪山西麓を流れる菊池川・白川及び緑川の中流域にはAso-4の分布しないところが広がっている。菊池川中流域はAso-3の中まで侵食されAlやTl,Tmに置き換わっている（断面E）。白川中流域はAso-2の頂部まで侵食が進み、厚いTl,Tmに置き換えられている（断面$I_1$～$J_1$）。緑川中流部は基盤岩の中生層（M）や変成岩類（mr）に達する侵食でAso-4は欠如する（断面O・P・Q）。菊池川支流の合志川流域はAso-4の残るところが多いが東に行くと欠如する部分もある（断面G）。

Aso-4が地層区分の鍵層であるのは広範囲に分布するほか特徴的な白色軽石と灰色火山灰よりなることである。深井戸柱状図には「軽石」の記事が必ずあり、Aso-4を識別するのは難しくはない。井戸柱状図の記録にAso-4の溶結凝灰岩は見られないが露頭には石材として採掘されるようなところもある（内田川右岸川西の崖・金峰山東斜面の花園付近・宇土市の馬門など）。

非溶結の火山灰と軽石よりなる地層は空隙に富むが、植木から大津にかけての台地部は地下水面より高い分布である。熊本平野における分布は地下水面下ではあるがこの層より取水している深井戸はない。

## 2.7 高遊原溶岩（TK）大峰軽石層（Om）

高遊原溶岩（以下TKとする）は白川中流域の南に東西約10km（断面$J_2$,21～30）南北約5km（断面$I_3$～$K_1$）を有し長円形の白水台地を形成する溶岩と火砕岩である。図-2.3に分布図を示す。

溶岩の噴出口は台地東端の大峰（409m）とされている[5)]。溶岩の厚さは最大125mに達する（断面$J_2$）。台地の北は比高約100mの急崖をなし南は布田川断層で古い地層と接する（断面27）。TKの上面は東西断面（断面$I_3$～$J_3$）では西から東へ20～50m低下し、南北断面（断面21～29）では北から南へ10～110m低下する。大峰から溶岩流出直後は東西断面では上面が西方に傾斜し、南北断面では多少の凹凸がある程度で大きな傾斜はなかったはずである。断面図のような流出当時と逆方向の傾斜は布田川断層の活動に起因する変位と考えられる。

ボーリング柱状図の記録には溶岩層の上下部に厚い自破砕部を有し、中間の緻密な溶岩にも亀裂節理が多い。溶岩の冷却時に生じた亀裂節理は断層の活動による沈下傾斜によって開口度が増し、極めて空隙に富む溶岩層になっている。高遊原溶岩層を貫く200m超のボーリングには溶岩層内に地下水面が認

められないように透水性の高い地層である。

　阿蘇くまもと空港の調整池は TK 上面まで掘り込まれていて降雨時に水の溜まることはない。台地の西側にある深迫ダムは漏水防止の全面底張りがなされて貯水ができている。

　TK の台地は非常に高い地下水涵養力を持つが汚染水の浸透にも注意しなければならないところである。国（建設省＝現国土交通省）は TK 台地の透水性に着目して、平成元年度から緑川水系の洪水調節と熊本市の地下水涵養を目的とした地下浸透ダムの実施計画調査[19] を行ってきたが、地下水質に与える影響が未解明ということで計画は進んでいない。


　大峰軽石層（Om）は TK の流出に先立って噴出した軽石層である。高遊原台地（白水台地）のボーリングには溶岩の直下にしばしば記載されるが厚さ0.1m 以下である。溶岩台地の北東部の斜面下部に小露頭がある。断面図では $K_2$ の23にごく小さな分布を示すにすぎない。


## 2.8　4/3間堆積物（4/3）

　4/3間堆積物（以下4/3とする）は菊池川中流域から緑川の下流域にかけて広く分布する（図-2.4参照）。Aso-3の噴出後と Aso-4の噴出前に堆積した水成（湖成・海成）または風成の堆積物である。菊池川流域には佐野層[20] 花房層[21] 木山川上流には布田層[5] 熊本平野の地下には御幸層[22] と呼ばれる4/3がある。西原村東部の小森付近で標高240m 以上に出現し（布田層）、低い分布は熊本市南西の沖新～海路口付近で標高-80m に達する（御幸層）。分布の高低差は320m 以上になる。この層が風成～湖成層～海成層であることから分布標高の違いは陸上の湖水や海域で堆積したことを示す。堆積環境が異なれば堆積物の地質にも変化があるので詳細な地質分析を行えば堆積の状況がわかる。

　菊池川流域（佐野層・花房層）や白川－木山川流域（布田層）の4/3は凝灰質粘土、シルトが主な構成地質である。深井戸柱状図には固結粘土・固結シルト・凝灰質粘土などの記述が多い。水理的には不透水層である。熊本平野部（御幸層）は砂礫を主な構成物とし凝灰質シルトをはさむ。

　菊池川中流域と白川中流域に4/3の分布しない区域がある。これは4/3がもともと堆積しなかったか、堆積後に侵食されたかのいずれかである。断面17付近の菊池川および断面23付近の白川を挟んで両岸部の4/3がほぼ同じ水準に出現することから両流域の4/3の欠如は堆積後に侵食されたと推定される。Aso-4の堆積時と Tl, Tm の堆積時に深く侵食され、菊池川流域は Aso-3まで、白川流域は Aso-2に達するまで侵食された。白川中流域が地下水涵養の場として注目されるのは粘土質不透水層の4/3が侵食され欠如することが大きな要素になっている。地表水が Tl, Tm に浸透すると第二帯水層の Aso-2へ直接流れ込み地下水涵養のきわめて容易な状況がわかる。このような地下水涵養条件は地下水汚染に対する弱点でもあることに留意しなければならない。


## 2.9　阿蘇-3火砕流堆積物（Aso-3）

　阿蘇-3火砕流堆積物（以下 Aso-3とする）は阿蘇外輪山の鞍岳（1118m）の周辺や俵山（1095m）冠ヶ岳（1154m）周辺の標高900m 付近から出現し、西方の菊池川中流域では標高-20m に達し、白川・緑川の下流域では標高-100m までと広範囲に分布する（図-2.5参照）。

　菊池川流域においては分布標高100m 以下に連続分布するが、これより高い山地では侵食をうけ谷の側壁に張り付いた状態で分布する（断面E・G）。

15

白川流域は標高50m以下に連続分布するもののそれより高い標高に分布がない。Tl,Tmの堆積に伴い侵食されたものと考える。白川流域のAso-3が侵食された状況は断面 $I_1$ 〜 $J_1$ に示されている。断面 $I_3$・$J_1$ には TK に覆われた Aso-3 が残っている。緑川中流域は菊池川上流域と同様に谷側壁に侵食から取り残された状態の分布を示す（断面21・23）。白川と緑川下流域の熊本平野における分布標高は０mから−100mまで低下するが連続的である。分布の南限は断面Ｏであり、大岳火山岩類（Pa）や中生層（M）の御船層群の斜面で分布をとめられている（断面１〜15）。

深井戸柱状図の記載には白川流域の北部と南部で岩質にやや異なる表記がある。北部では凝灰岩・溶結凝灰岩・軽石凝灰岩などが多く見受けられ、帯水層の評価を受けてこの部分にストレーナを配置し取水対象になっている。南部にはAso-3を取水対象にした深井戸はない。まれにストレーナを設けられたAso-3の地質は軽石（スコリア）混じり砂礫・火山灰質砂礫であり非溶結相を示している。ちなみに『熊本周辺の地質断面図』（熊本地盤研究会,2010年）においては風化して粘土化したAso-3が4/3と共に不透水層評価で砥川溶岩帯水層に対しては加圧層の働きをしているとされてきた。

### 2.10　3/2間堆積物（3/2）　金峰山新期噴出物（It）

3/2間堆積物（以下3/2とする）は白川流域の北に広がりのある分布が見られる（図−2.6参照）。白川の南はブロック状の断続分布である。分布標高は主に50m以下であるが標高−50m以下は追跡困難である。分布標高50m以上の地域にはAso-3とAso-2の間に堆積物が介在せずAso-3とAso-2が接している（断面Ｅ・Ｈ・Ｉ）。白川より北部の菊池川や合志川流域はAso-3とAso-2がそれぞれ連続分布する地域がありAso-3とAso-2の間に厚さ10〜20mの3/2が介在する（断面Ｄ〜Ｈ）。

白川流域南部においてはAso-2と砥川溶岩（Tv）が分布する範囲内で3/2が区分されている。両者の分布しない地域では柱状図の土質区分のみでの3/2判別は難しい。分布レベルを周辺の柱状図に対比して決めなければならない。

柱状図の土質名はローム・シルト・粘土・砂など細粒土主体である。まれに玉石混じり砂礫や砂礫などもあるがこれらの連続性はない。

菊池川流域に厚く分布する3/2の土質は主に砂・粘土・シルトなど細粒土よりなる。砂礫をはさむところでは深井戸取水の対象になっているところもあるが、3/2全体の評価は不透水層である。


金峰山新期噴出物（It）の分布は金峰山カルデラ内に限られている（断面 $J_3$・$K_1$）。

金峰山の中央火口丘の角閃石デイサイトからなる溶岩ドームである[15]。この層のボーリング記録はない。


### 2.11　阿蘇−2火砕流堆積物（Aso-2）

阿蘇−2火砕流堆積物（以下 Aso-2とする）は外輪山尾根部の端辺原野・二重峠の標高800〜900m付近および立野火口瀬の南では俵山及び地蔵峠の900〜1000m付近から分布して、西方へ流れくだり火砕流台地の下地を作っている。図−2.7に分布図を示す。西方の末端部は菊池川流域で標高−60m（断面Ｄ）、白川流域は標高−30m（断面 $I_3$）まで達している。その他の火砕流各層（Aso-4・Aso-3・Aso-1）が白川を境に北と南に分離して分布するのにAso-2は分離せず連続して厚く堆積する（断面21〜29）。白川の両岸部（南北）に連続して分布するのはAso-2のほかTl,Tmと先阿蘇火山岩類（Pa）である。

Aso-2の分布限界は北と西と南がAso-3の分布地域内におさまる。新期の火砕流は古期の火砕流で埋められた凹凸の少ない斜面を流れて広がった状況がみてとれる[23]。この関係はAso-4とAso-3の関係やAso-3とAso-2の関係も同じである。Aso-2とAso-1の関係で南の方向にはAso-1が遠くまで走っているのは新期の火砕流がより広がることと異なるが、それには砥川溶岩（以下Tvとする）分布との関係を考えなければならない。

　Aso-2の熊本周辺での分布の南限は断面$K_3$である。一方Tvの分布北限は断面$K_1$である。Aso-2とTvの接触状況は、Aso-2がTvに乗り上げ約3kmオーバーラップする様子がわかる（断面19）。東西方向（断面$K_1$・$K_2$・$K_3$）では西方のTvの分布標高が現在でもAso-2より高い。南北方向では直接重なる断面19で南側のTvの標高はAso-2より低下している。断面19より西方の断面9〜17では基盤岩類（PaとM）の高まりでAso-2の分布がとめられた様子が推定できる。

　Aso-1の分布南限は熊本周辺の平野部の断面Nまで達し、Aso-2の南限が断面$K_3$であるのに対してAso-1は約6km南下している。古い火砕流の上を滑って新しい火砕流が遠くに流れる[23]という基本的な形を示さない。このことはTvの噴出形成と厚い2/1の堆積や布田川断層、日奈久断層の活動を合わせて検討する必要がある（別途検討する）。

　ボーリングで確かめられたAso-2の厚さは俵山の北西斜面で204m以上（断面$I_2$）、高遊原台地の下で98m以上（断面$I_3$）、菊陽の台地には70m（断面25）が認められる。大津〜菊陽の台地から白川中流域にかけては厚さ40〜60mで連続分布し深井戸の主要な帯水層になっている。

　Aso-2の岩質について深井戸柱状図記録を見ると溶結凝灰岩・強溶結凝灰岩が多くスコリア凝灰角礫岩・凝灰質砂などの記載もある。これらの地質名記載箇所にはストレーナが設置され1700㎥/d〜3600㎥/dと多量の揚水実績がある。

　深井戸柱状図の岩質記載はAso-1もAso-2と同様に溶結凝灰岩・強溶結凝灰岩の名称が多く用いられる。柱状図に火砕流4層が記録されている場合はAso-1とAso-2を間違いなく分類し得るが、そうでないときに柱状図のみでAso-1とAso-2の区分は難しい。柱状図のみで決定困難なときは近傍の柱状図と結んでその地層の分布レベルから連続性を重視して決める。このような事例は断面$I_1$と$I_2$に見ることができる。たとえば断面$I_1$の「さんふれあ」付近の井戸番号142には4層の火砕流が判別されていてこの地点のAso-1とAso-2の分布は明らかであるが、約3km西の「堀川」付近の井戸番号359には火砕流2層しか区分できない。井戸番号359地点の下位の溶結凝灰岩は連続性を考えてAso-2と判定した。これは断面$I_1$とクロスする断面15　断面17においても連続性が自然でありAso-2の判断が妥当といえる。


## 2.12　砥川溶岩（Tv）

　木山川の左岸部を走る日奈久断層の南側には砥川溶岩（以下Tvとする）の小露頭がある（木崎・下鶴・北甘木）。Tvの大部分は熊本市域の地下に分布する（図-2.8参照）。噴出口は益城町の赤井火山とされる[24]。熊本市域に流出し堆積した分布区域は南北約8km、東西約14kmを有する。断面$K_1$を北限とし断面$M_1$＋2kmが南限である。噴出口の赤井は断面$L_2$の21付近にあり、西の分布限界は断面$L_2$上で8の熊本駅付近である。厚さは断面$L_1$及び$L_2$で60mに達する。

　Tvは硬い岩質の輝石安山岩である。岩層の上部層と下部層に多孔質の構造が有り、緻密な中間層と共に多くの開いた割れ目を内在し、透水性の非常に高い帯水層となって、いわゆる砥川溶岩地下水プールを形成する。Tv分布地域にある深井戸はすべてこの層から取水していて、Tvより下の地層に掘り

込んでいる深井戸は少ない。Tv のみから取水している深井戸が15本ある。最多揚水量は5000㎥/d、最小は100㎥/d、平均すると1994㎥/d の揚水実績となる。比湧出量は最大3262㎥/d/m、最小は46㎥/d/m になり約7倍の開きがある。井戸の揚水能力の差が大きいのは砥川溶岩帯水層の地下水が亀裂水であることを示す。大きな開口亀裂を捉えた井戸は多量の揚水が可能になり、そうでない場合は Tv といえどもたいした水量が得られないことを示している。しかし平均揚水量が約2000㎥/d（平均比湧出量752㎥/d/m）ということは Tv の帯水層としての評価は高いといえる。

### 2.13  2/1間堆積物（2/1），2/1間溶岩（2/1 La）

2/1間堆積物（以下2/1とする）は白川流域を境に北部地域と南部地域に分かれる（図-2.9参照）。断面 $I_3$ を南限として北は断面Eまで、概ね連続した分布を示す。上面の標高は断面27上で最も高く180m に達しこれより西方に低下しいくつかの凸凹を繰り返しつつ菊池川流域の山鹿市（断面9付近）では-70m まで低下する。

2/1は Aso-1と Aso-2の間に堆積した地層であり、北の区域の Aso-2は2/1より広く分布するが Aso-1の分布のない区域がある。Aso-1の欠如区域では Aso-1の下位層である益城層群（D）との境界を決めなければならない。

2/1とDの境界を推定するために次の地質条件を考慮した。

①大津町や菊陽町の深井戸柱状図にみられる2/1は玉石転石に富む地層であり、これは菊池市街地の北部〜北西部に分布する2/1相当層の平野層が最大0.8m の巨礫を含む礫質層であることと符合する。2/1の堆積環境は巨礫の運搬堆積に特徴づけられることである。

②2/1とDは固結度に差異があるので、これが井戸柱状図に併記される深度－比抵抗値曲線に反映されることや固結度の違いが透水性の差となり深井戸の取水対象層選定根拠にされていることなどがある。

以上の2点をもとに2/1とDの境界追跡を行った。

白川流域より南の分布は、上面の標高は全域が0m以下で、布田川断層－嘉島断層沿いに沈下が生じ上面標高は最低-140m（N-1〜3付近）に達する。白川流域の南には、Aso-1と Aso-2の分布しないところに厚い堆積物の地層があり、2/1とDの境界決定には次の方法を適用した。

この地区には力合地区観測井（M,7付近）のボーリングコアの花粉分析結果22)から2/1とD（水前寺層）の境界が明らかにされている。これを東方の Aso-1出現地点（井戸番号 O,15、M,16付近）に結んで、東西方向のM断面上に境界をプロットすることができた。そしてこれを南北方向断面図上に移し広く追跡することができた。

北の2/1は、大津〜菊陽台地の深井戸（断面H上の井戸番号116・120・122）に最大50mの厚さを有し、玉石転石に富む地層になっている。深井戸ではこの層と下位の Aso-1が帯水層である。2/1と Aso-1から取水する場合は1062㎥/d（井戸番号118）〜2475㎥/d（井戸番号120）の揚水実績がある。2/1のみの取水の場合は1442㎥/d（井戸番号 O,11）〜1728㎥/d（井戸番号119）の揚水記録が見られる。

南の2/1は分布区域の北東部（断面 $K_1$〜 $K_2$・断面14〜20）において厚さ10〜20mであるが南西部（断面M〜N・断面1〜3）では最大200mに達する。北東部の岩質は礫質土であるのに対して南西部はシルト砂などの細粒土優勢で礫質土は少ない。しかし南西部の礫質土は深井戸の取水対象になっていて多量の揚水実績がある。最多揚水量としては4351㎥/d（井戸番号 J9）がある。少ないのは72㎥/d（井戸

番号 J6）もあり変動が大きい。南西部の2/1を中心に揚水している深井戸は11本あり概ね1000〜2000㎥/d の揚水実績がある。

2/1間溶岩は断面35の断面Ｆ＋1500m 付近の阿蘇外輪山カルデラ壁に露出する厚さ数メートルの輝石安山岩である。分布形態や岩質から象ヶ鼻溶岩[25]に対比される。

### 2.14　阿蘇 -1火砕流堆積物（Aso-1）

阿蘇-1火砕流堆積物（以下 Aso-1とする）は鞍岳東部の端辺原野の標高900m 付近から熊本市秋津では標高-180m（井戸番号 O5）まで広範囲の分布を示す（図-2.10 参照）。この間連続して分布する区間がいくつかに分けられる。端辺原野に発する菊池川渓谷沿い（断面D）の Aso-1は厚さや広がりが大きく、菊池市から大津〜菊陽の台地下の断面21まで連続した分布が見られる。

白川の直下で途切れて、南側は幅２〜３km の欠如区間をはさみ分布するが層厚や広がりも北に比べて小規模である。白川南部の Aso-1は熊本市健軍地区の比較的広い分布と木山川の南東部山地の断続するブロックがある。

深井戸柱状図に出現する Aso-1は、主に菊池〜大津台地のものであり厚さは30〜40m が多い。菊池川渓谷には３点のボーリング（深井戸のみではない）があり、ここでは最大厚さ90m（井戸番号立門１）が認められている。菊池川流域の南北断面（断面27・29・31・35）をみると深い谷を Aso-1が埋め尽くした状態がわかる。白川以南の分布地域に点在する深井戸や観測井の Aso-1の厚さは概ね20m 以下である。岩質は南北とも溶結凝灰岩であり強溶結相が多い。

北部の菊池〜大津台地の深井戸では Aso-2と共に主な帯水層でありどの井戸も大量の揚水実績がある。大津〜菊陽地域の上水道用水・工業用水・農業用水のすべての深井戸が Aso-1を主な取水対象にしているが、このうち Aso-1のみから取水している井戸が10本ある。最多の揚水量は5137㎥/d（井戸番号 O15）で、最小は489㎥/d（井戸番号 Ki33）、平均は1732㎥/d である。比湧出量は最高7214㎥/d/m、最低13㎥/d/m、平均1384㎥/d/m となる。変動が大きいのは Aso-1が強溶結の硬い岩石であり地下水が亀裂水であることによる。大きな開口亀裂を捉えた井戸の揚水量は多く、そうでない井戸の揚水量は少ない。

Aso-1のみから取水する深井戸の比湧出量1000㎥/d/m 以上が多くみられるのは Aso-1が帯水層評価の高い地層であることを示している。

### 2.15　益城層群（D）

Aso-1の下位にある洪積層をまとめて益城層群（以下Ｄとする）とした。Ｄの分布北限は断面Ｃ上で南限は断面Ｏである（図-2.1 1参照）。断面Ｍ上では断面１より西方の有明海域に広がり（水前寺層）、東の断面37以東の阿蘇外輪南麓にも広がる（下陣礫層）。

分布地域や地質からいくつかの地層に分けられるがここでは詳細な区分はしない。たとえば菊池市東部の茂籐里層[20]合志市のボーリングデータから命名された合志層[26]熊本地域のボーリングデータから命名された水前寺層[22]、金峰山カルデラ内の芳野層[27]木山川沿いの津森層・下陣礫層[28]などがDに含まれる。

ＤはAso-1の下位にあることが条件であるが Aso-1の分布しない地域（菊池地域の断面17より西方と熊本地域の断面Ｍより南方）もある。このような地域は、前出の「2.13　2/1間堆積物（2/1）　2/1間溶

19

岩（2/1 La）」の項で述べたように2/1の分布を追跡出来たことでDの分布を明らかにすることができた。

　菊池市の深井戸柱状図記録のDは玉石を主とする礫質層からなり厚さ54mが認められている。西方の山鹿市方面にかけては砂シルトなどの細粒土を交えるが礫質層を幾層か挟在する。深井戸の帯水層であり、Dのみを取水対象にした井戸（11本）からは100〜1000㎥/dの揚水実績がある。DとAso-1またはAso-2などの凝灰岩と組み合わせた井戸（8本）からは288〜3103㎥/dの揚水量が記録されている。最大厚さ150m以上もあるDの中の砂礫質層は優れた帯水層である。

## 2.16　先阿蘇火山岩類とそれ以前の地層

　先阿蘇火山岩類とこれより以前の地層は「不透水性基盤」[29]として地下水の貯留機構や地下水の流動を規制する水理基盤と考えられてきた。先阿蘇火山岩類以前の地層群（Pa, M, Gr, mr, Mg）の上面等高線図を図-2.12に示した。菊池川中流域〜合志川流域に-50m〜-100mの盆状地形が形成されている。白川中流域の尾根状高まりをはさんで南には秋津川沿いに下って緑川下流域まで谷地形は-100〜-300m以下に達し、西の有明海方向に延びている。

　菊池川中流域の盆状地と緑川下流域の有明海に向かって開いた低地を流れる地下水は白川中流域の尾根状高まり（立田山−小山山, 戸島山）の東西両脇にある標高0〜-50mの基盤鞍部でつながる。

　菊池川中流域の盆状地は厚い益城層群（D）と4枚の火砕流堆積物（Aso-1〜Aso-4）や段丘堆積物（Tl, Tm）で埋められ大きな地下水盆をつくっている。秋津川から緑川下流域の低地にも益城層群（D）や2/1間堆積物などの水中堆積物のほか火砕流堆積物（Aso-1〜Aso-4）と砥川溶岩などで埋め尽くされた透水性の高い帯水層が形成されている。

　菊池川流域の地下水盆と秋津川〜緑川下流低地帯の帯水層は白川中流域尾根の東西にある鞍部が両者をつなぐ地下水流動経路になっていると考えられる。西側の鞍部は古菊池川の流路[30]に相当し、東側の鞍部は古加勢川の流路[29]に相当すると考えられる。そして熊本地域の砥川溶岩帯水層の地下水の多くは古加勢川の流路沿いに供給されていると考えられている。江津湖湧水群や下六嘉湧水群は砥川溶岩帯水層を経由して排出された地下水である。その量は熊本市の深井戸水源取水量とあわせて142.7万㎥/dとされている[31),32]。古加勢川の流路がどれほどの地下水を流下しうるのか検討が必要である。142.7万㎥/dの多くは「不透水性基盤」の鞍部を越えるのではなく、「不透水性基盤」と考えた先阿蘇火山岩類（Pa）の亀裂性透水帯を流下するものと考える。今後の水文学的検証が必要である。

## 2.16.1　先阿蘇火山岩類（Pa），玄武岩質岩石（b）

　阿蘇火砕流（Aso-1）の噴火活動前に噴出した火山岩類をまとめて先阿蘇火山岩類（以下Paとする）としたものである。断面N以外のすべての断面に出現し広範囲に分布する（図-2.13）。Paは地質分類の面からは多くの火山噴出物より構成され、本断面図にはこれを区分していないが、北から列挙すると以下の通りである。

　　　八方ヶ岳安山岩（断面A〜B）

　　　吉本安山岩（断面B〜C）

　　　鞍岳安山岩Ⅰ・Ⅱ（断面C〜G）

　　　阿蘇カルデラ壁輝石安山岩・冠ヶ岳黒岳溶岩（断面H〜M）

　　　金峰山中期〜古期噴出物（断面G〜M）

船野山安山岩（断面L₂～M）

　　　大岳火山岩類（断面O～Q）

　　　地質名は「熊本県地質図」（10万分の１）説明書[15]による。

　地域内には、上記のように七つの地質区分があるがここでは詳細な記述は省略する。

　八方ヶ岳安山岩と吉本安山岩はその間に花崗岩と変成岩が介在し離れて分布する。吉本安山岩と鞍岳安山岩及び阿蘇カルデラ壁輝石安山岩は互いに接していて境界を示すデータはないのでその様子を断面図に示すことはできなかった。

　金峰山中期～古期噴出物と鞍岳安山岩及び阿蘇カルデラ壁輝石安山岩は弁天山の変成岩や群山～小山戸島の中生層（以下Mとする）の基盤の高まりを境に東西に分かれる様子が断面G～K₃に示されている。

　阿蘇カルデラ壁輝石安山岩と船野山安山岩の間および船野山安山岩と大岳火山岩類の間はMの御船層群・雁回山層で分離している。船野山安山岩の西側と大岳火山岩類の北側の金峰山中期～古期噴出物の間は地層の深い落ち込みが推定される。

　Paはかつて水理基盤とされていたが、この層から取水する深井戸も多くなり、第三の帯水層と認められるような揚水実績が得られてきた。深井戸柱状図の地質名には安山岩　溶岩・凝灰角礫岩・凝灰岩などと記載される。ストレーナを配置した取水層の地質名は安山岩・溶岩など硬い岩石の記載が多い。

　深井戸は鞍岳安山岩分布地域に５本、阿蘇カルデラ壁輝石安山岩分布地域に12本、金峰山中期～古期噴出物地域に13本、大岳火山岩類分布地域に１本の揚水記録がある。

　鞍岳安山岩地域の最大揚水量は1010㎥/d（井戸番号鞍２）、阿蘇カルデラ壁輝石安山岩地域の最大揚水量は4579㎥/d（井戸番号Ta4）、金峰山中期～古期噴出物地域の最大揚水量は5332㎥/d（井戸番号Y1）、大岳火山岩類地域には1019㎥/d（井戸番号J31）の揚水実績がある。

　白川中流域のPaは阿蘇カルデラ壁輝石安山岩に属すると考えられる。そして白川中流域のPaは第二帯水層と同等の透水性を有し、第三の帯水層として阿蘇外輪山方面と熊本地域地下水をつなぐ水みちを形成する可能性が高い。


## 玄武岩質岩石（ｂ）

　八方ヶ岳安山岩に覆われた上虎口玄武岩を区分したものである。断面Bと断面21・23・25・29上に断続的に出現する。この地層に対するボーリング記録や深井戸記録はない。


### 2.16.2　古第三紀・新第三紀堆積物（mt）

　新第三紀の星原層、古第三紀の鉾ノ甲層[15]である。北部の断面Bに出現し、断面23・25・27・29上の断面B～C間に点在する。基盤岩類の花崗岩の上にあり先阿蘇火山岩類（Pa）の八方ヶ岳安山岩や上虎口玄武岩に覆われる。標高500～700mに分布する。鉾ノ甲層の地質は礫岩、砂岩、泥岩であり溶岩のような開口亀裂に乏しく難透水層である。鉾ノ甲層には貝化石（二枚貝や巻貝）を産出するように海成層であるから、この地が古第三紀（23.3Ma）から700m以上隆起したことになる。

　星原層は泥岩　凝灰岩であり水理的には不透水層である。上層の安山岩や玄武岩の割れ目に入った地下水はこの層で止められる。

　星原層・鉾ノ甲層に対するボーリング記録はない。

## 2.16.3 中生層（M）

北から不動岩礫岩・熊本層群・御船層群・雁回山層[15)] の堆積岩類をまとめて中生層（以下Mとする）としたものである。図-2.14に先阿蘇火山岩類より古い地層上面の標高図を示した。

不動岩礫岩は断面Ｃ,13の標高200〜300m に分布し、変はんれい岩上に不整合に乗る小さな岩体（約500m×500m）である。熊本層群は、北は断面Ｈから南は$L_1$に、西は断面15から東は20にかけ南北に延びた分布を示す。標高80m から-100m まで追跡できる。御船層群は、布田川断層、日奈久断層の南東に断面 $K_1$以南に広がりのある分布をなし、分布地域の南西部に雁回山層が整合に重なる。いずれの地層も礫岩・砂岩・頁岩・凝灰岩からなる。

深井戸ボーリングが熊本層群・御船層群・雁回山層中に若干（６本）あるものの揚水量は乏しい、最多揚水量1947㎥/d （井戸番号4-2）は御船層群の砂岩層からのものである。熊本層群の砂岩より720㎥/d （井戸番号358）の揚水記録もあるが、他は87㎥/d （井戸番号4-13-1）から226㎥/d （井戸番号4-11）である。

M全体としては不透水性の水理基盤と考えられる。

群山や小山山、戸島山を構成する熊本層群の南北方向の高まりは白川中流域をせき止め地下水プール形成の役割を果たしている。

木山川の低地をはさんで布田川断層、日奈久断層以南の山地に御船層群・雁回山層があり帯水層の南壁をなす分布状況は熊本地域地下水の水みちを規制している。

熊本層群や御船層群の地質と分布は、熊本の地下水の貯留機構や水みちに関して、水理基盤の役割を担う地層群である。


## 2.16.4 花崗岩類（Gr）

熊本県北部に分布する玉名花崗閃緑岩と筒ヶ岳花崗岩の東方延長部にあたる。花崗岩類（以下 Gr とする）の分布範囲は広く東西断面には断面Ａ・Ｂ・Ｃ・Ｄ・Ｇに、南北断面には断面１から29までの全断面に出現する。断面Ｆには現れないが断面１より西に回りこんでＤとＧの花崗岩は連続する。断面Ｂの東部は標高700m にあり、下面の標高は-120m まで確かめられた（井戸番号来４）巨大な岩体である（図-2.14）。

Gr から取水している深井戸が19本みられるが、最多揚水量は432㎥/d （井戸番号八 w2）である。深井戸柱状図記載の地質は「花崗岩風化帯〜花崗岩」である。マサ状の風化帯は一般に透水性が低いので、硬質の花崗岩割れ目が帯水層（水みち）になる。

Gr 全体としての評価は不透水性の水理基盤である。


## 2.16.5 変成岩類（mr）

変成岩類（以下 mr とする）としたのは、北から三郡変成岩・木山変成岩及び間ノ谷片岩・肥後変成岩である。三つの変成岩は中生層（M）をはさんで分布が分かれている（図-2.14）。三郡変成岩と木山変成岩の間には熊本層群と布田川断層、日奈久断層があり、木山変成岩と間ノ谷片岩の間には御船層群が広がる。間ノ谷片岩と肥後変成岩は断層で接している。

mr は先阿蘇火山岩類直下の基盤をなす地層群であるが、その中で三郡変成岩の占める地域が最も大きい（断面Ａ〜$J_1$まで）。三郡変成岩は、更に東と南へ分布範囲を拡大することが予想され、分布深度は菊陽町堀川の標高-470m から大津町内牧の標高-850m と東に深くなっていることも分かってき

た[33]。その上に中生層（M）が標高-655mに認められている。南はmrの深度が標高-960mと深くなるが、まだ深部のボーリングデータが少ないので本断面図には標高-300mまでしか表していない（断面M）。

mrから取水する深井戸は13本あり、すべてが三郡変成岩の分布領域にある。揚水量は50m³/d（井戸番号山14）から3182m³/d（井戸番号山w11）まで大きな開きがある。多量に揚水している井戸の帯水層は珪質片岩（石英片岩）と記載されたものである。

三郡変成岩の主要構成層である泥質片岩を対象にした井戸の数は少なく揚水量も少ない。

Grの割れ目と同様に硬質の石英片岩やチャートには開いた割れ目があり帯水層になる場合がある。しかし三郡変成岩全体としては泥質片岩優勢の地層であり不透水性の水理基盤とみなされる。

### 2.16.6　石灰岩（Lm）

三郡変成岩と肥後変成岩に伴う石灰岩が断面図に出現する。三郡変成岩は玉東町木葉山の石灰岩であり断面1上のF～Gに現れ、肥後変成岩の石灰岩は断面25のP～Q間に現れる。これらの石灰岩についての地下水に関連したボーリングはない。

### 2.16.7　超苦鉄質岩類（um）

木山変成岩に伴って分布する蛇紋岩を区分して断面図に示した。分布範囲は狭く東西方向では断面K₃・L₁・L₂に、南北方向では断面23～27に出現し北西－南東方向に延びている。mr（木山変成岩）とM（御船層群）に挟まれている。

この層に対するボーリング資料はない。水理的には不透水性水理基盤の一員である。

### 2.16.8　変はんれい岩（Mg）

断面図の最北部に分布する（図-2.13において断面A・B・Cの1～14まで）。三郡変成岩の上に重なるが地質年代は三郡変成岩（193Ma～207Ma）より変はんれい岩（306Ma～477Ma）が古いとされる[5]。押しかぶせ断層によって変はんれい岩地塊が移動し三郡変成岩の上に移動地塊（クリッペ）として残ったものである。

変はんれい岩分布地域に深井戸が2本あり灌漑用水や上水道水源に利用されているが、揚水量は少ない。水理的には不透水性水理基盤の仲間である。

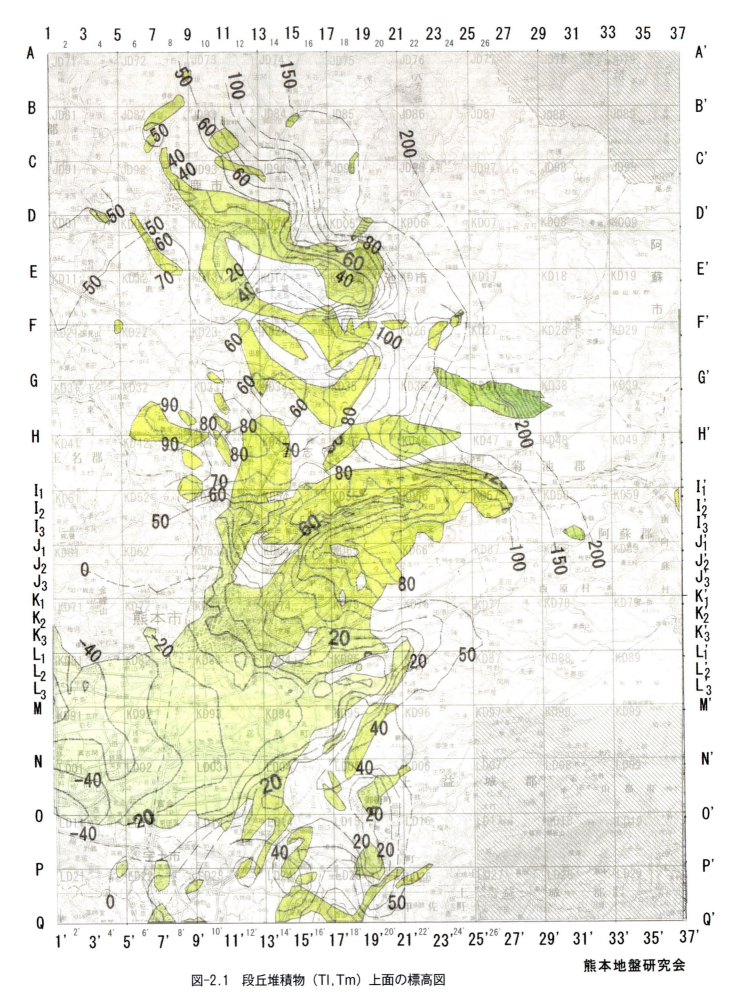

図-2.1 段丘堆積物（Tl, Tm）上面の標高図

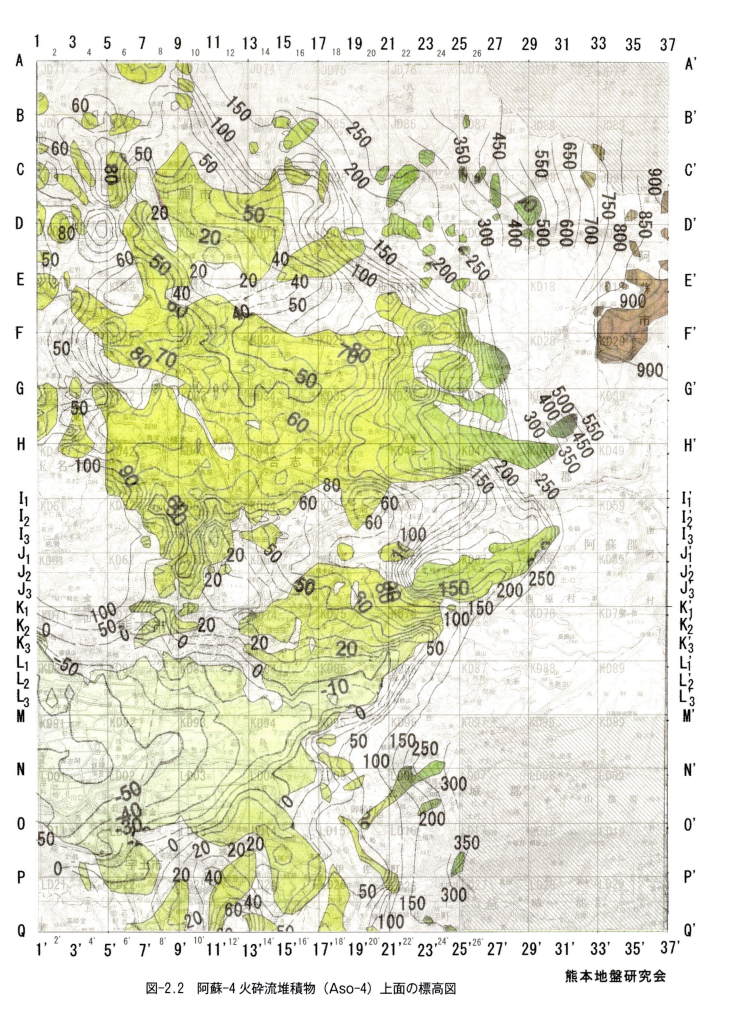

図-2.2 阿蘇-4 火砕流堆積物 (Aso-4) 上面の標高図

熊本地盤研究会

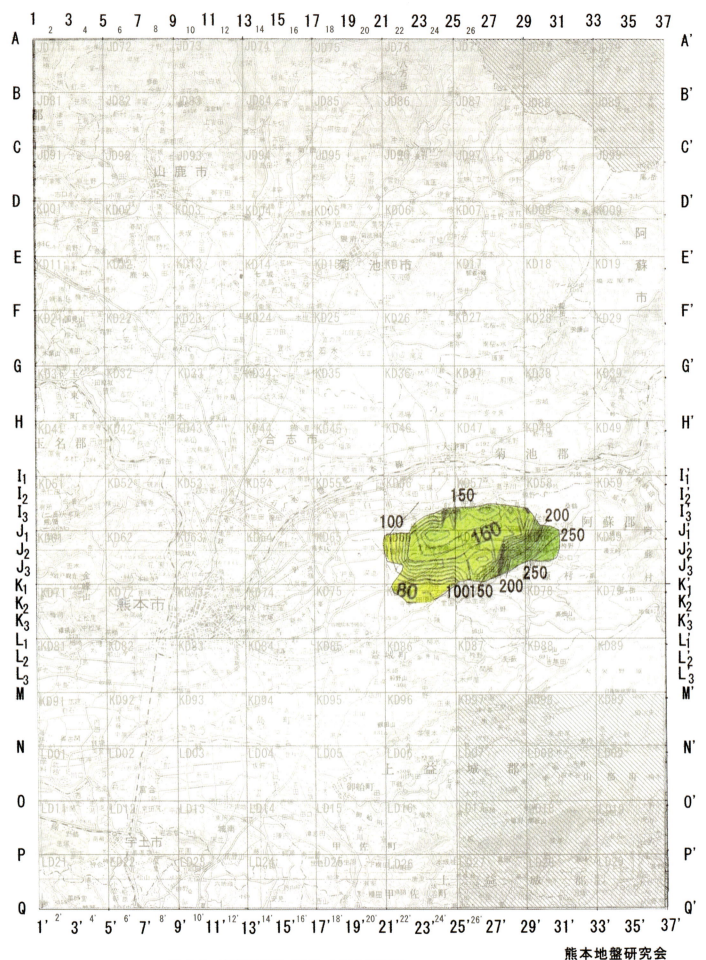

図-2.3 高遊原溶岩（TK）上面の標高図

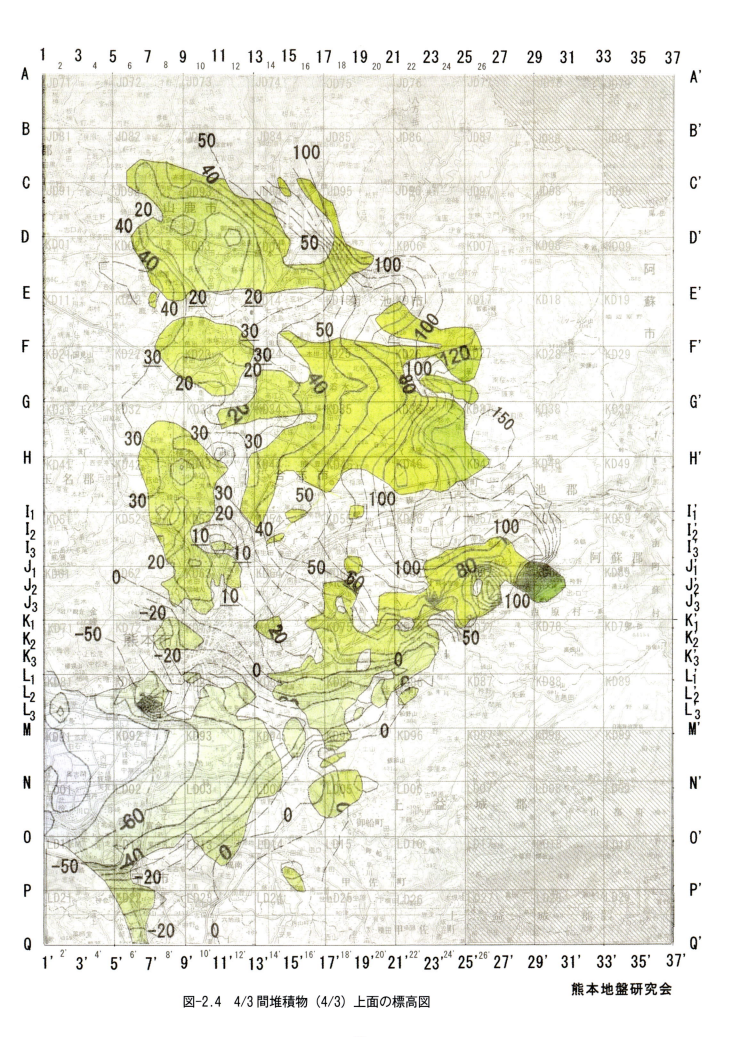

図-2.4 4/3間堆積物(4/3)上面の標高図

熊本地盤研究会

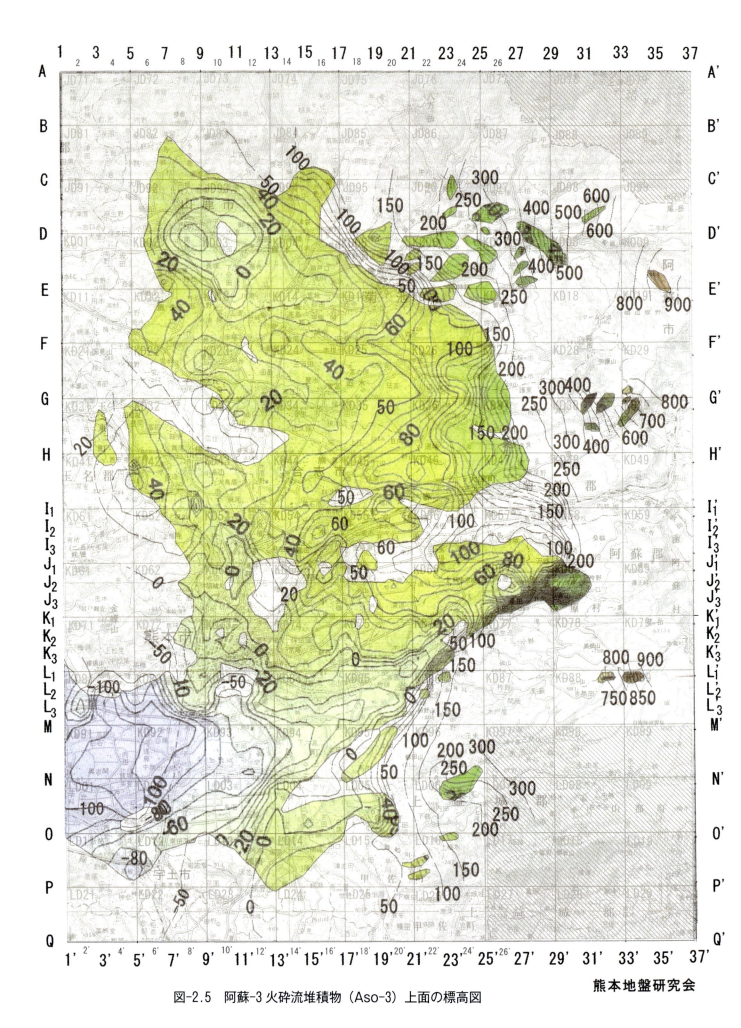

図-2.5 阿蘇-3火砕流堆積物(Aso-3)上面の標高図

熊本地盤研究会

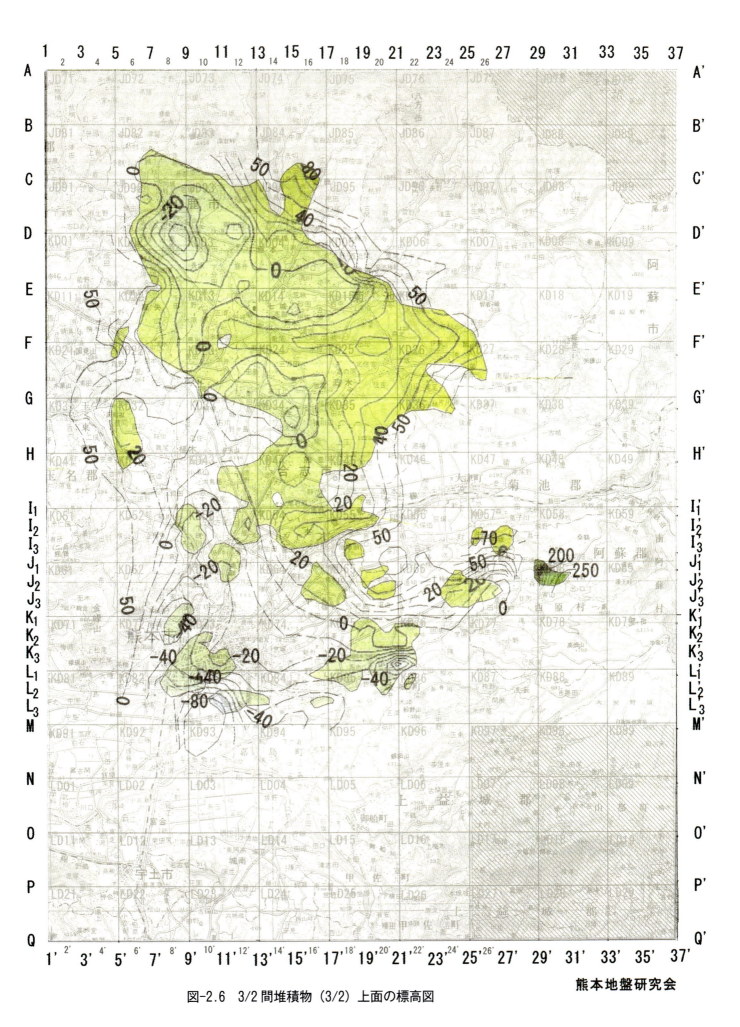

図-2.6 3/2間堆積物（3/2）上面の標高図

熊本地盤研究会

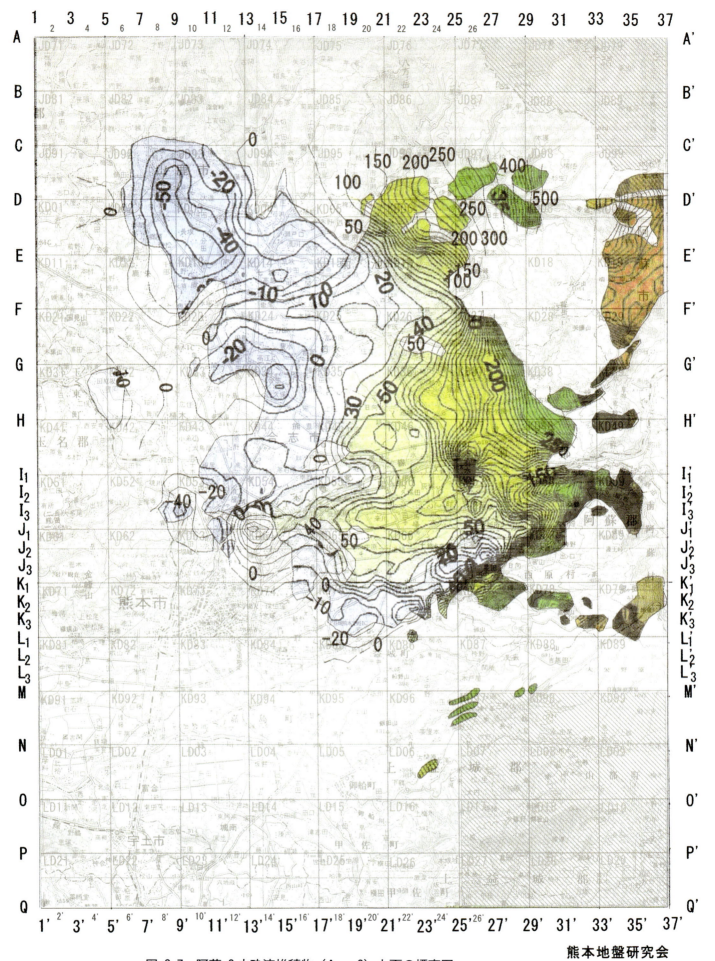

図-2.7 阿蘇-2 火砕流堆積物 (Aso-2) 上面の標高図

熊本地盤研究会

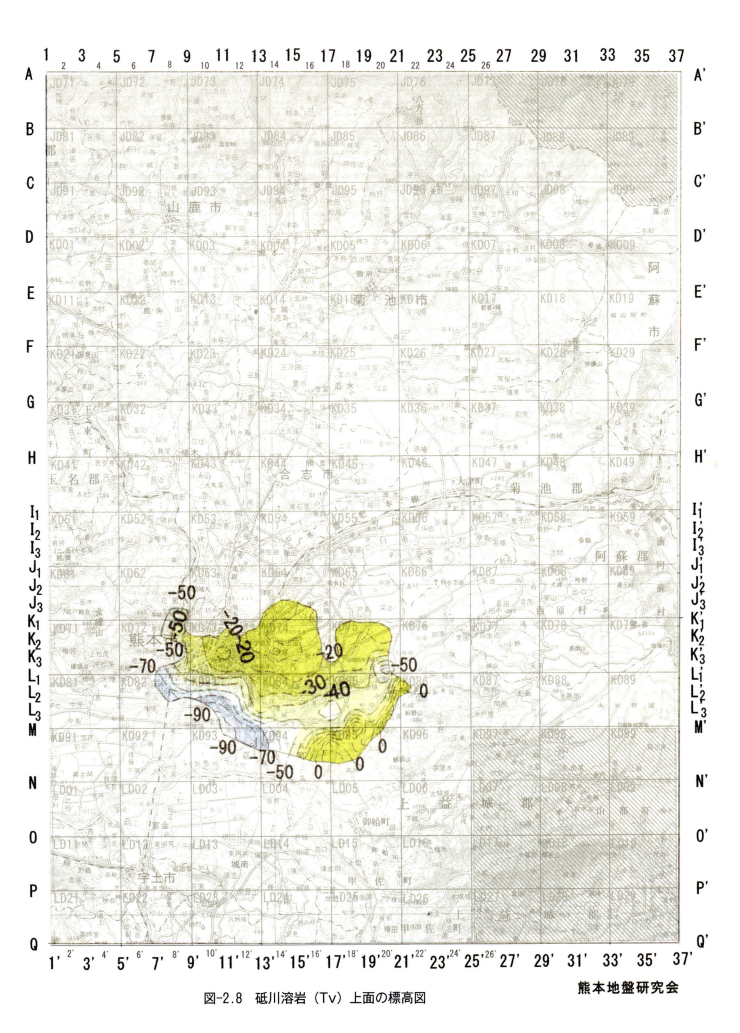

図-2.8 砥川溶岩（Tv）上面の標高図

熊本地盤研究会

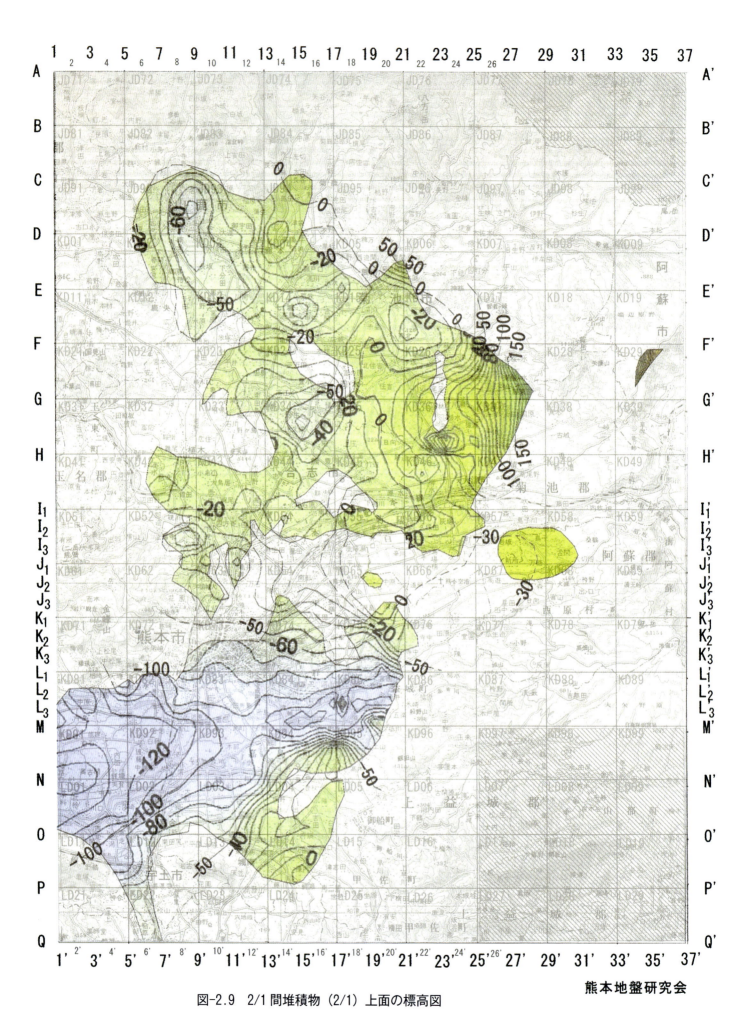

図-2.9 2/1間堆積物（2/1）上面の標高図

熊本地盤研究会

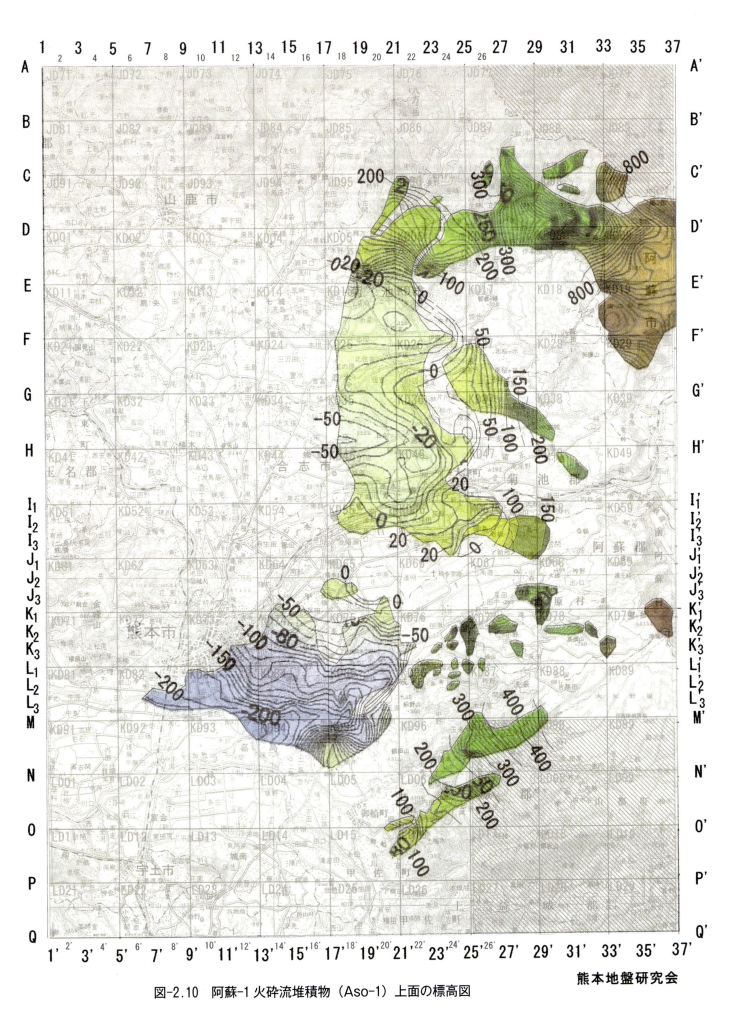

図-2.10 阿蘇-1火砕流堆積物 (Aso-1) 上面の標高図

熊本地盤研究会

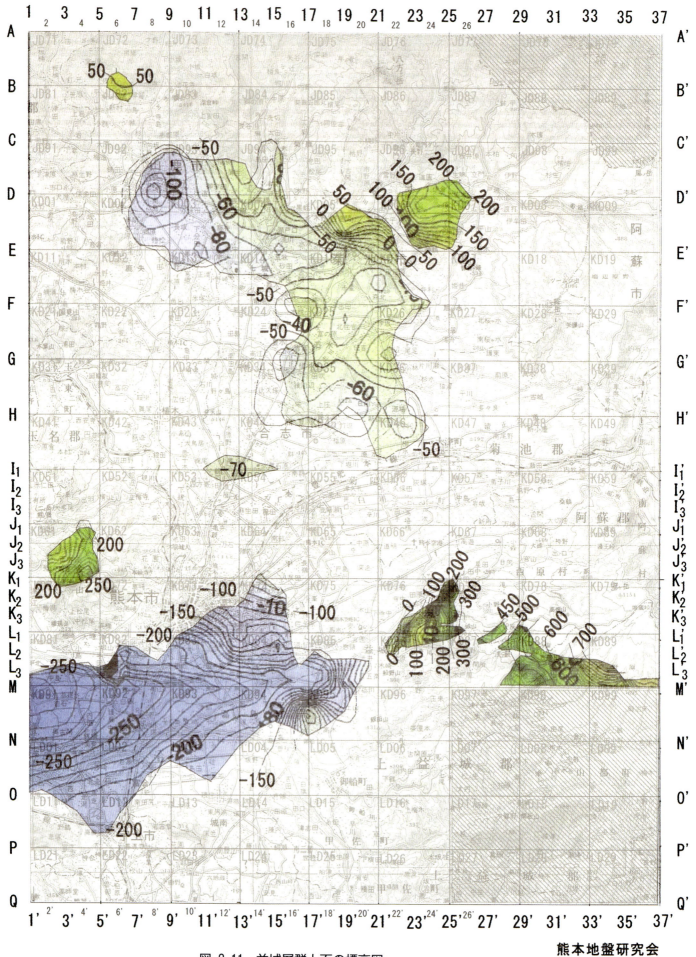

図-2.11 益城層群上面の標高図

熊本地盤研究会

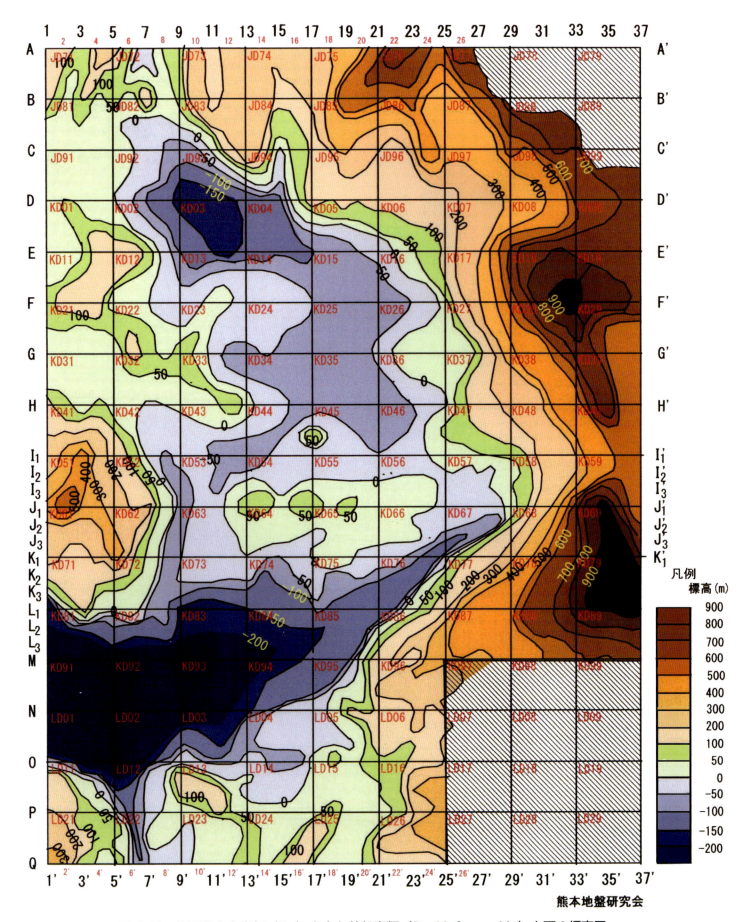

図-2.12 先阿蘇火山岩類（Pa）を含む基盤岩類（Pa, M, Gr, mr, Mg）上面の標高図

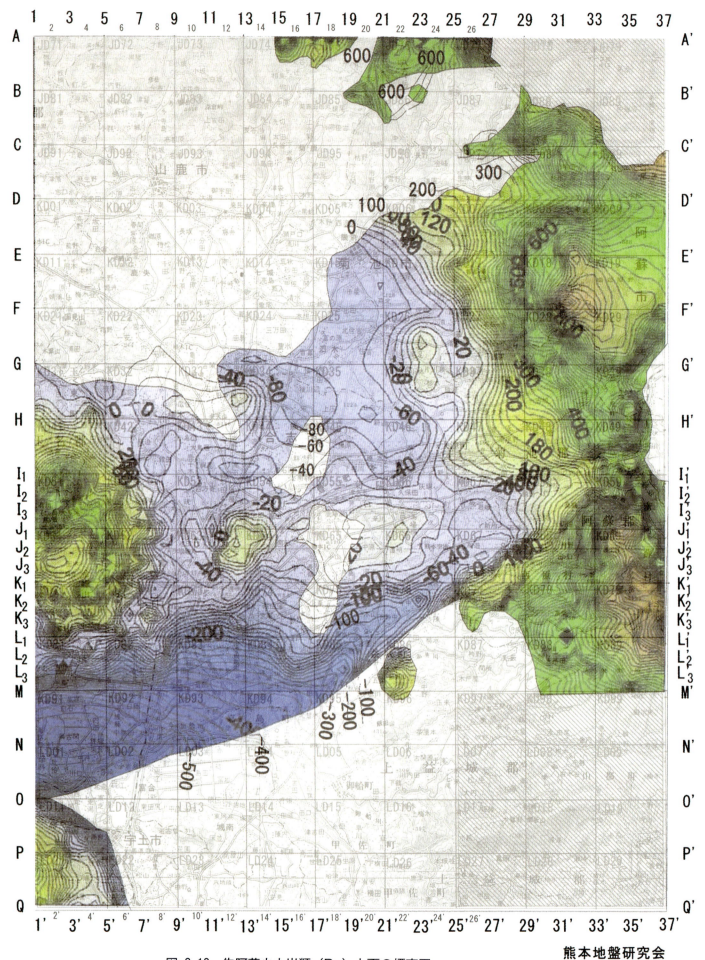

図-2.13 先阿蘇火山岩類（Pa）上面の標高図

熊本地盤研究会

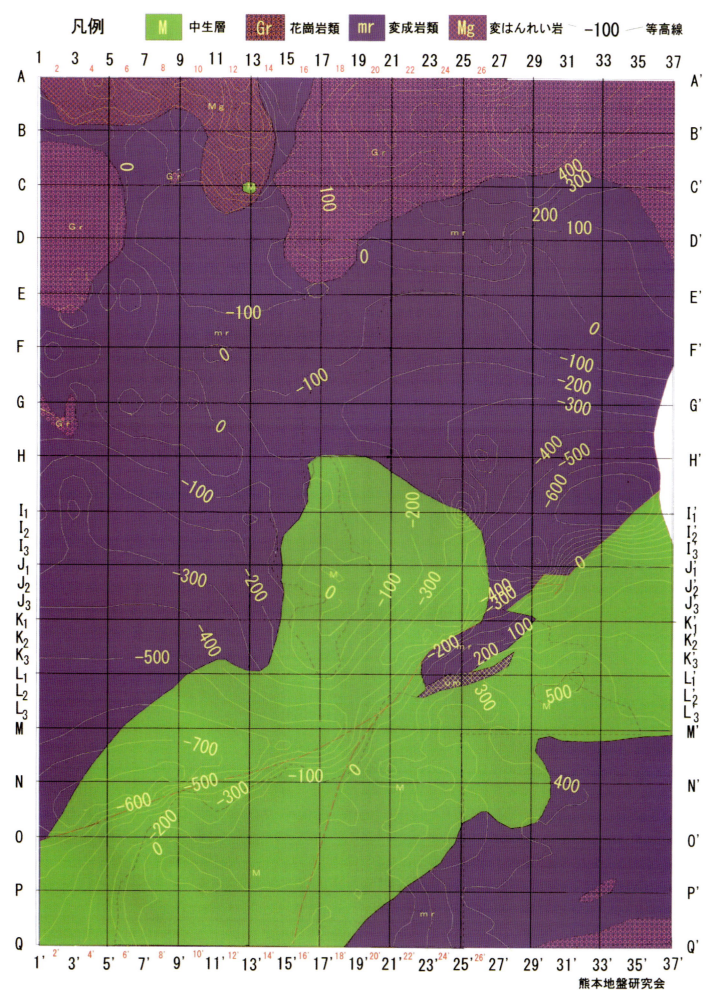

図-2.14 先阿蘇火山岩類 (Pa) より古い地層 (M, Gr, mr, Mg) 上面の標高図

## 3. 深層地下水位標高図

　地質断面図に使用した柱状図の中で、自然地下水位の深度が記載されているものを利用して、当該地点での自然地下水位を求めた。観測された地点の総数は419箇所におよび、年代は1944年から2008年に掘られたもので、掘削の季節も多岐にわたっている。本来、自然地下水位の正確な観測は同時期に一斉に行われるべきであるが、事実上このような観測は無理である。近年の熊本水道局の観測データを参考にすると約30年間で最高水位変化は4.15mで平均0.35mであり、月別変化の最高値は7.8mで、平均1.53mであることから、数年を考慮した井戸の水位を比較するには約5〜10mの誤差を考えればよいと判断される。このような考えに基づき、各井戸の水位が連結していると仮定して概略的な地下水位標高図を作成した。観測データについてsurfer8を用いて10m間隔で図化したものが図-3.1である。なお、分かりやすいように水位標高80mより低いものを青色系統で示し、地下水位の標高線を黄色破線で示している。

　この図によると熊本平野は自然地下水位が80mより低い青系統であることが分かる。弁天山から北西にあたる地帯の水位は50〜70mと比較的に高く薄い青色となっている。この地帯は変成岩類からなる地盤であり変成岩中の珪質片岩（石英片岩）や結晶質石灰岩からの湧水池として小野の泉水が有名である。また、金峰山系山体でも水位の高い地帯があり、熊本県・市の報告書よると第三帯水層として熊本地区の有力な地下水帯と見なされ、植木町台地でもこの第三帯水層から豊富な地下水が供給されていることがわれわれの研究で判明している。

　熊本平野の中で戸島・小山の中生層山体を緑色、変成岩類は紫色、立田山は茶色で示している。金峰山体（一の岳から三の岳）や木の葉変成岩体と山鹿市付近の花崗岩や変はんれい岩体では地下水位のデータの不足で信頼性が乏しい。

　外輪山での観測点は少ないが水位標高は高く、この図から外輪山から熊本平野への地下水供給は十分考えられる。地下水位標高10m以下の分布は図面左下の白川と緑川下流域の低地帯であり、熊本平野の地下水はここに流れていることが分かる。また地下水位標高10mの等高線の方向のひとつは北方向へ、もうひとつは北東方向へ、さらにもうひとつは南東方向へと3方向に伸びている。北方向は八景水谷、北東は江津湖・嘉島、南東は御船町方向であり、地下水が流れてくる方向を示している。

　山鹿市、菊池市、合志市、大津町、菊陽町、嘉島町、益城町を含む熊本平野の深層自然地下水はほぼ20mから70m内にあり、部分的に高低差が見られる。特に山鹿市付近では20mと低い地帯があり、その範囲は北西から南東の楕円形をしている。これはこの地帯の地盤が断層で沈下し、地下水が流れ込みやすい地溝帯であることが影響しているかもしれない。

　熊本県・熊本市の報告書「熊本地域地下水調査」（昭和61年3月）によると合志川より北側の菊鹿盆地では地下水位は低く、南側の旭志から植木町にかけての一帯では地下水位は高く、この境目を「分水帯」としている。この地帯の中で最も水位が高く出ている場所（横軸F、縦軸17）から地下水が熊本市に流下するとすれば、3方向の流下が推定される。

　1方向は図中のA点から泗水町永→原水→白川中流域（B地点）付近で岩坂からの地下水と合流し→益城町寺中（C点）で江津湖（D点）と益城町古閑→秋津水源・浮島の2方向に分かれていると思える。他方は泗水町福本（F地点）から黒石原（G地点）に流れ麻生田水源（H地点）で植木台地からの地下水を加え八景水谷を通り熊本城付近のI点へ流れる水みちと、黒石原（G地点）から南に流れ立田山東方を通り長嶺南→江津湖（D点）でA点から流れてきた地下水と合流して川尻方向（E点）へ流下する

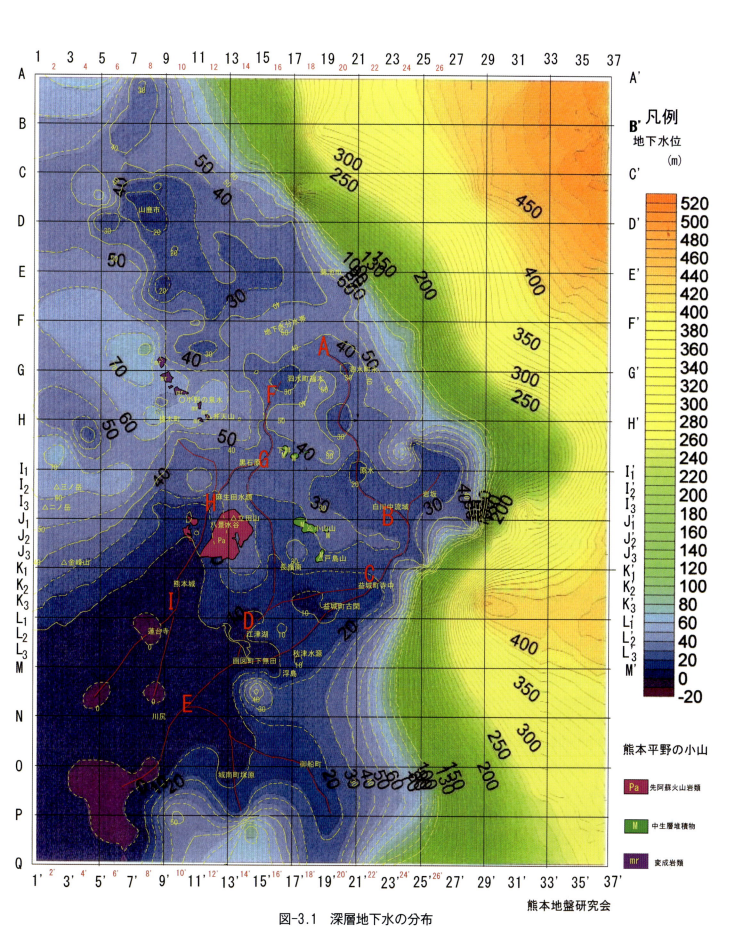

図-3.1 深層地下水の分布

経路が推定される。最初のA→B→C→E経路は従来いわれている古加勢川水系、F→G→H→I経路は古菊池川水系と考えられる。古菊池川水系の詳細については後述する。

　熊本市の重要な水源として健軍・庄口や秋田・沼山津水源がある。この地域は古加勢川水系の下流域にあたり、上流には広大な窪地に堆積した阿蘇火砕流堆積物や湖水堆積物が豊富な地下水の帯水層として存在している。また、その途中には白川中流域があり白川の河川や水田による地下水涵養が行われていて白川地下水プールといわれている。これらの地下水は大分－熊本構造線の断層運動による北東－南西方向に発達する亀裂に沿って熊本市南部へと流れていて優良な水源となっている。また、熊本市北部には麻生田や八景水谷の重要な水源がある。この地帯は前述の古菊池川水系で、合志川より南の分水帯より始まるが、地下水が流下できる水路が狭くさらに曲がりくねっているので古加勢川水系のような大きな地下水を流すことができないように見える。しかし、麻生田や八景水谷の北では変成岩類と金峰山からの伏流水が植木台地下に存在し、これらの地下水が南下し豊富な地下水を供給していることで麻生田や八景水谷は熊本市の有用な水源として稼動している。

　古加勢川水系と古菊池川水系の分布は先阿蘇火山岩類以前の地層を水理基盤と見なして作製した基盤図の低地の分布と近似していることより、観測した水位は先阿蘇火山岩類よりも新しい地層間の地下水と考えられ、その地下水はお互い連結しているものと推定される。しかし、水理基盤の低地は山鹿市から熊本市まで連結しており「分水帯」となる水理基盤の高まりの存在は見当たらないので分水帯となる地質的要因を調べる必要がある。

　自然地下水の正確な観測は地下水の動向に関する重要なことであるので、考慮すべき点を列記すると
　１．同時期に自然地下水位の一斉観察を行う
　２．井戸の正確な設置場所（緯度・経度）と地表面標高を確認する
　３．スクリーンが設置されている地層を特定し、単一の地層にスクリーンを設置している井戸のデータを使用する
　４．ほとんどの場合、地層ごとに異なった水位を持つので、他の井戸水位との関連性を明確に把握する
　５．定期的に水温などの水質検査をする
　この中で３のスクリーンが設置されている地層の地下水と４の他の地層の地下水との関連を明確にする必要がある。

　熊本地区での地下水の研究は行政組織や民間団体等が積極的に行っている。特に熊本大学や東海大学により多くの研究成果が報告されている。


## 古菊池川水系

　この考えは斉藤林次元熊本大学教授によるもので、現在の菊池川は山鹿市鍋田から玉名市へ流れ有明海へと流れ込んでいるが、阿蘇-1火砕流堆積物（Aso-1）より古い地層の分布が連続した窪地として見られるので、昔の菊池川は合志市から黒石原、八景水谷を通り熊本市へ流れていた水系であり、それが古菊池川であると推測した。この窪地は著者等が作成した先阿蘇火山岩類以前の地層上面標高図でも確認でき（図-3.2参照）、地下水図としては上記のF→G→H→Iと一致する。

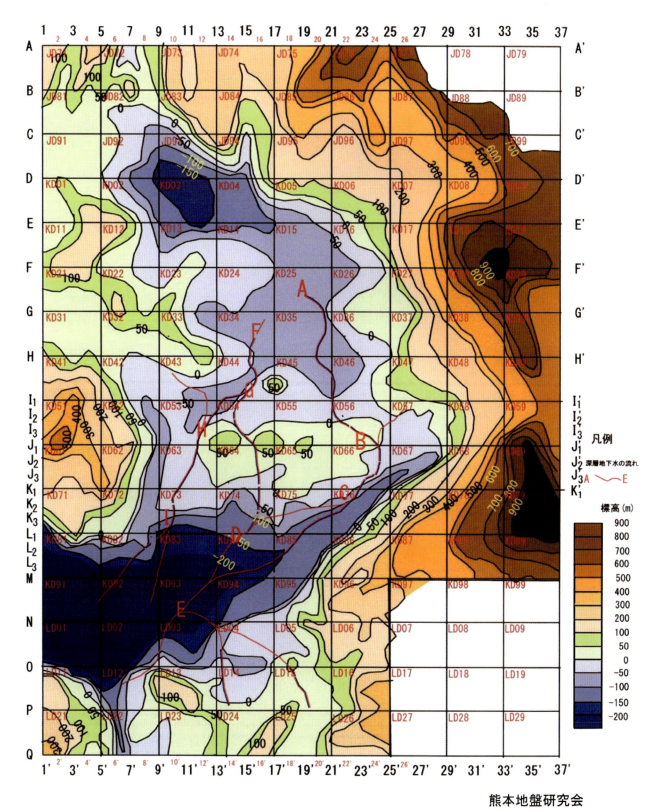

図-3.2 先阿蘇火山岩類（Pa）以前の地層上面標高と深層地下水

　古菊池川水系の存在は山鹿・菊池地区の地下水は以前には熊本地区に流下していた可能性を示しており、現在の「分水帯」を規定している地下水位を見直すとともにさらに深いボーリング掘削と地層の確認が必要と感じる。

## 4. 地質構造

### 4.1 断層

　対象区域の大部分は九州中部の大きな地質構造である別府－島原地溝帯[34]の南部にあたっている。地溝帯の南限を画する大分－熊本構造線の一部である布田川断層帯とさらに日奈久断層帯が対象区域の南にある[35]。

　布田川断層帯に属する北向山断層－布田川断層－嘉島断層[36]と日奈久断層の南東側は中生代～古生代の地層群からなる基盤岩類が分布するが、断層の北西側は深く落ち込んで先阿蘇火山岩類とそれ以後の地層が形成されている。

　北向山断層と布田川断層のつなぎ目に大峰（409m）があり高遊原溶岩の噴出口とされる[5]。布田川断層と日奈久断層の接点には赤井火山があり砥川溶岩が噴出している[24]。高遊原溶岩と砥川溶岩は地溝帯を埋めるように噴出口より西に向かって流出している。溶岩流出後も地溝帯の陥没傾動は続き、溶岩の亀裂節理は開口度を増していったと思われる。砥川溶岩は地下水面下に傾動し優れた帯水層となり、高遊原溶岩の台地は浸透性の高い地下水涵養台地になった。

　対象地域の盆地や地溝帯に流れ込んだ溶岩や火砕流堆積物（Aso-1～Aso-3）の溶結凝灰岩は冷却時の初生亀裂が地溝帯の陥没・沈下・傾動により開口し、透水度が高くなり地下水の主要な流動経路となった。非溶結の火砕流堆積物や火砕流の間隙堆積物は固結していないので地層の粒度組成により透水性は異なる。シルト・粘土などの地層は不透水層をなすが、砂礫層は透水層である。厚く堆積して連続した砂礫層は優れた地下水流動層である。

　硬い岩石、特に火山岩には初生の亀裂（柱状節理・板状節理）が断層の活動による沈下・傾動で開口度を増し透水性が高まる。硬い岩石でも細かい粒子からなる泥岩・頁岩・凝灰岩には開口亀裂はまれであり陥没傾動地帯にあっても不透水層のままである。珪質片岩・石灰岩・花崗岩などの亀裂には透水性の割れ目があり水みちをつくることがある。

　断層と地質の関係から水みち（地下水流動路）の有様を推定することができるので断層の分布、特に活動歴の新しい活断層の所在を知ることが重要である。

### 4.2　対象地域に分布する断層

　断面図に記入した断層は参考にした地質図から断面の位置にプロットしたものである。なお、この断層分布図は熊本地震で現れた活断層を参考にして、従来の断層に新たな断層の追加を試みたものである（図-4.1 参照）。

　名の知れた断層には対象区域南東部に北東－南西方向に延びた北向山断層－布田川断層－日奈久断層がある。これらは大分－熊本構造線の一部をなす断層群とされる。この断層群と平行して木山川沿いに木山断層[37]があり、両者の間には木山－嘉島地溝[7]が形成されている。木山断層の東端は断面23まで追跡され、これより東は布田川断層と嘉島断層に吸収され消滅する。南西方向の木山川沿いに延びた木山－嘉島地溝帯は断面21付近までは木山断層と布田川断層間に延びるが、布田川断層が日奈久断層に移り南南西に方向変換するところからは、地溝帯の南限は日奈久断層を離れ嘉島断層と同列に延びた北甘木断層[3]に移る。断面21以西の地溝帯は幅を広げて熊本平野の沈降帯と合わさり、断面15から西は木山－嘉島地溝帯としての形が見えなくなる。即ち木山断層は断面15まで追跡できるがその西は不明瞭である。なお、後述の熊本地震の項ではこの北向山断層－布田川断層－日奈久断層による断層帯の実態に

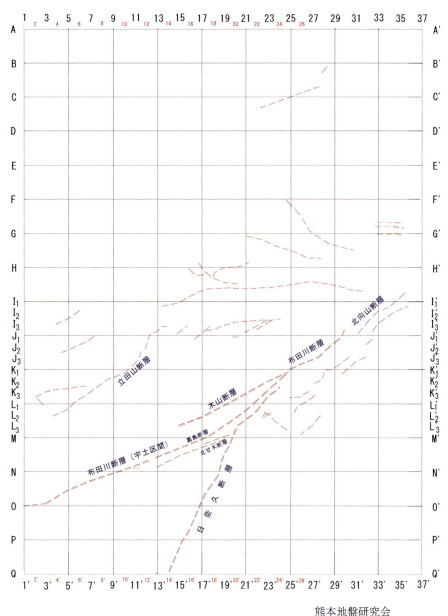

図-4.1　断層分布図

ついて詳しく述べる。

　白川沿いに知られている断層には立田山断層がある[6]。断層の伸び方向は北東から南西であり大分－熊本構造線の方向と同じである。北東端は断面13付近から南西端は断面3付近まで約12km追跡することができる。文献[6]では立田山断層が右ずれ成分を有していることが示されている。

　白川中流域の低地の北側に大津と群山を結ぶ南落ちの断層と白川南岸の北落ち断層は並走して白川に沿う地溝[38]を形成するとされるが、断面図においては明瞭な地溝構造は見られない。白川流域の地溝状の地形は段丘堆積物（Tl,Tm）の堆積したことによるものとAso-4～Aso-3の侵食欠如が地溝状の地形を残したものと考えられる。むしろ白川中流域には先阿蘇火山岩類とそれ以前の地形面の尾根状構造の伏在が明らかになった（図-2.12参照）。

　大津町北部から合志市にかけての台地部にある東西性の断層はAso-4を変位させる活断層[6]とされているが当該地区断面にはAso-4の明瞭な変位の表現はできなかった。

菊池川流域から合志川にかけて-50m～-150m の北西－南東にのびた盆状構造が先阿蘇火山岩類以前の地形面に出現する（図-2.14 参照）。この盆地の北東側を山鹿－菊池線が、南西側を平島－木柑子断層が並走してこの間が沈降したと考えられている[39]。図-2.14に見られる盆状構造からは平島－木柑子断層より南側に推定される北西－南東方向の断層線（仮称山鹿－合志線）の影響が考えられ、盆状構造の西縁はこの断層線よりも更に西に広がりがある。

　井芹川沿いに見られる北西－南東方向に延びた、先阿蘇火山岩類の地形面の-50m以下の谷状の上面形は田原坂－上熊本断層[39]との関係が考えられる。この断層の南東端にあって北東－南西に延びた立田山断層の湾曲変位にも関係するのかもしれない。また田原坂－上熊本断層の南東延長上には江津湖湧水群、下六嘉湧水群がありこの断層との関連性も考えられる。表層地質と断層分布図を図-4.2に示す。

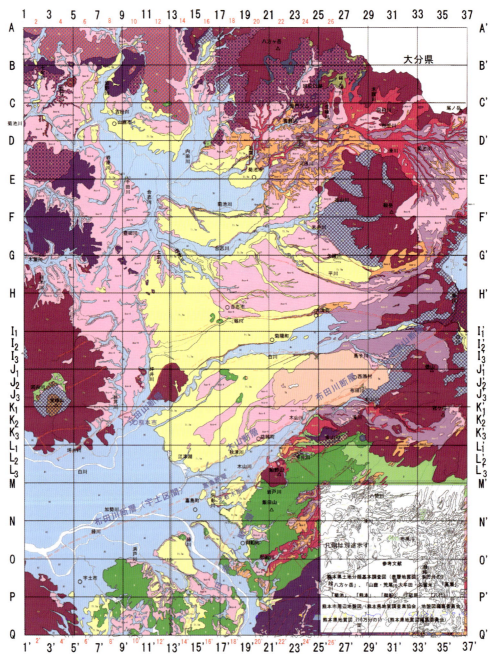

図-4.2　対象地域の表層地質と断層分布図　　熊本地盤研究会

44

## 5. 地質断面図の説明と深層地下水位

　地質断面図は地下の地層の重なり状況や構造を示したもので、地表面での地層の走向・傾斜やボーリングデータおよび物理探査などから地下深部の地層の形状を推定して作成するものである。ただし熊本地域の地質断面図の作成においては収集されたボーリング柱状図が使われた。

　特別な変形がなければ地層は古いものほど下にあり新しい地層はその上に堆積するという自然法則により下位の地層は上位の地層よりも古いことが分かるが、断層や褶曲などにより地層が逆転したり途切れたり、また沈下したりしていることがある。ここでは、各断面図について下位にある古い地層から新しい地層へと形成過程を説明し、地層の逆転現象、断層、地盤や河川の侵食などがあれば併せて記述する。なお、断層は横縮尺が小さいことから垂直として表現した。なお、各地層の詳細な記述については第2章の地層区分の説明の項目を参考にされたい。

　今回は各地質断面線上の自然地下水位を読み取り地質断面図上に深層地下水位として並記した。さらに、その断面図近くの井戸の場所と揚水用スクリーンの位置を示した。深層地下水位は地質断面上で地下水位を記載している柱状図が少ないところや中生層や変成岩類、花崗岩類などの難透水性地盤内では描いていない。図面上に深層地下水位が地表面より上にあることは、深層地下水が自由地下水であれば湧水池があり、被圧水であれば被圧している難透水層を掘りぬけば自噴水となることを意味している。

　以下に記す地質断面図の説明では、地質構成が類似しているものもあるので説明文がほぼ同じような文章になっていることがある。なお、地質断面図の凡例は図-1.5に示す。

## 東西断面図

### 図-5.1　A-A'（JD71-JD77H1）断面図

1. この地区の変成岩（mr）は約2億年前の三郡変成岩であり、その上に約4億年前の変はんれい岩（Mg）が1-14付近に乗り上げている。また、約8千万年前に貫入した花崗岩（Gr）が変成岩（mr）の下と地表に見られる。
2. 変成岩（mr）と花崗岩（Gr）の上に先阿蘇火山岩類（Pa）が形成された（15-27間）。
3. 変はんれい岩（Mg）の窪地に3/2間堆積物（3/2）が堆積した（6-8間）。
4. その上にAso-4が見られる（5-10間）。
5. 現在の河川による侵食域に沖積層（Al）が堆積した。

### 図-5.2　B-B'（JD81-JD88H1）断面図

1. この地区の変成岩（mr）は約2億年前の三郡変成岩であり、その上に約4億年前の変はんれい岩（Mg）が10-15付近に乗り上げている。また、約8千万年前に貫入した花崗岩（Gr）が変成岩（mr）の下と地表に見られる。
2. 花崗岩（Gr）の上に古第三紀層（mt）が堆積した（23と29付近）。
3. その上に玄武岩質岩石（b）と先阿蘇火山岩類（Pa）が形成された（19-29間）。
4. 変成岩（mr）の窪地に益城層群（D）が堆積した（5-7間）。
5. 3-17間にAso-4が見られる。
6. 段丘堆積物（Tl, Tm）が堆積した（8-9付近）。
7. 現在の河川による侵食域に沖積層（Al）が堆積した。

## 図-5.3 C-C'（JD91-JD99H1）断面図

1. この地区の変成岩（mr）は約２億年前の三郡変成岩であり、その上に約４億年前の変はんれい岩（Mg）が10-14付近に乗り上げている。変はんれい岩（Mg）の上に中生層の不動岩が13付近に見られる。また、約８千万年前に貫入した花崗岩（Gr）が変成岩（mr）の下と地表に見られる。
2. その上に先阿蘇火山岩類（Pa）が形成された（25-35付近）。
3. 変成岩（mr）と花崗岩（Gr）の窪地に益城層群（D）が8-11間と14-16間に堆積した。
4. 先阿蘇火山岩類（Pa）上に Aso-1 が見られる（27-35付近）。
5. Aso-2が6-11間に見られる。
6. 上記の窪地（6-11間と14-16間）に3/2間堆積物（3/2）が堆積した。
7. Aso-3が6-16間に見られ、23付近の斜面にも少し残っている。
8. Aso-4が全体に堆積、平地や山頂部の斜面に残っている。
9. 段丘堆積物（Tl,Tm）が堆積した。
10. 現在の河川による侵食域に沖積層（Al）が堆積した。

## 図-5.4 D-D'（KD01-KD09H1）断面図

1. 変成岩（mr）が分布していたところに花崗岩（Gr）が貫入してきた（1-20間）。
2. 花崗岩（Gr）の中に脈状に玄武岩質岩石（b）が貫入してきた（16-17間）。
3. 先阿蘇火山岩類（Pa）が24-37間に形成された。
4. 変成岩（mr）の窪地と変成岩（mr）と先阿蘇火山岩類（Pa）の窪地（8-16付近と22-26間）に益城層群(D)が堆積した。6-15間の窪地は西北西から東南東に発達した地溝を示すものと推定される。
5. 先阿蘇火山岩類（Pa）と益城層群（D）の上に Aso-1 が見られる（19-37間）。
6. Aso-2が広く堆積した。
7. Aso-2以後の堆積物である3/2間堆積物（3/2）から Aso-4 までが堆積した。
8. 段丘堆積物（Tl,Tm）が平地に堆積した。
9. 現在の河川による侵食域に沖積層（Al）が堆積した。
10. 20附近の迫間川や23-24間にある菊池川は激しい流れを持っていたと考えられ、変成岩（mr）上の堆積物は侵食されたため河床に変成岩（mr）が露出している。

## 図-5.5 E-E'（KD11-KD19H1）断面図

1. 変成岩（mr）が分布していたところに花崗岩（Gr）が貫入してきた（1-6間）。
2. 先阿蘇火山岩類（Pa）が17-37間に形成された。
3. 変成岩（mr）と先阿蘇火山岩類（Pa）の窪地に益城層群（D）が堆積した（9-22間）。
4. 7-23間に侵食が生じ、18-22間に Aso-1 と8-21間に2/1間堆積物（2/1）が堆積した。
5. その後 Aso-2 から Aso-4 までが堆積した。
6. 段丘堆積物（Tl,Tm）が平地に堆積した。
7. 現在の河川による侵食域に沖積層（Al）、急な斜面には崖錐堆積物（dt）が堆積した。

## 図-5.6　F-F'（KD21-KD29H1）断面図

1．変成岩（mr）が分布していたところに先阿蘇火山岩類（Pa）が形成された（18-37間）。

2．変成岩（mr）と先阿蘇火山岩類（Pa）の窪地に益城層群（D）が堆積した（16-24間）。

3．Aso-1が17-24間と33-36間に見られる。

4．Aso-1の上に2/1間堆積物（2/1）が堆積した（12-25間）。

5．Aso-2から Aso-4が堆積した。

6．段丘堆積物（Tl, Tm）が平地に堆積した。

7．現在の河川による侵食域に沖積層（Al）、急な斜面には崖錐堆積物（dt）が堆積した。

## 図-5.7　G-G'（KD31-KD39H1）断面図

1．変成岩（mr）が分布していたところに花崗岩（Gr）が貫入した（1-4間）。

2．先阿蘇火山岩類（Pa）が11-37間に形成された。

3．変成岩（mr）及び先阿蘇火山岩類（Pa）の窪地に益城層群（D）が堆積した（15-22間）。

4．Aso-1と2/1間堆積物（2/1）が堆積した（10-28間、推定）。

5．11-18間の Aso-1と2/1間堆積物（2/1）は侵食され、そのあとに Aso-2が堆積した。

6．3/2間堆積物（3/2）と Aso-4まで堆積した。

7．阿蘇カルデラが生じ、そのあとカルデラ内に阿蘇中央火口丘群の噴出物（Nv）が形成された。

8．段丘堆積物（Tl, Tm）が平地に堆積した。

9．現在の河川による侵食域に沖積層（Al）、斜面には崖錐堆積物（dt）が堆積した。

## 図-5.8　H-H'（KD41-KD49H1）断面図

1．変成岩（mr）からなる弁天山の周辺に先阿蘇火山岩類（Pa）が形成された。

2．中生層（M）の分布が推定される（15-20間）

3．先阿蘇火山岩類（Pa）の窪地に、益城層群（D）から Aso-4までが堆積した（12-27間）。

4．低地に3/2間堆積物（3/2）が堆積した。

5．Aso-3から Aso-4が堆積した。

6．阿蘇カルデラが生じ、そのあとカルデラ内に阿蘇中央火口丘群噴出物（Nv）が形成された。

7．段丘堆積物（Tl, Tm）が平地に堆積した。

8．現在の河川による侵食域に沖積層（Al）、斜面には崖錐堆積物（dt）が堆積した。

## 図-5.9　$I_1$-$I_1$'（KD51-KD59H1）断面図

1．変成岩（mr）の東斜面に中生層（M）が堆積した（15-25間）。

2．その周辺に先阿蘇火山岩類（Pa）が形成された。西側は金峰山系火山岩類、東側は先阿蘇系火山岩類と推定される。

3．先阿蘇火山岩類（Pa）の窪地に益城層群（D）が堆積した（11-15間）。

4．Aso-1と2/1間堆積物が堆積した。

5．Aso-2から Aso-4までが堆積した。

6．阿蘇カルデラが生じ、そのあとカルデラ内に阿蘇中央火口丘群の噴出物（Nv）が形成された。

7．段丘堆積物（Tl, Tm）が平地に堆積した。

8．現在の河川による侵食域に沖積層（Al）、斜面には崖錐堆積物（dt）が堆積した。また、平地に火山灰土（Kb, Ab）が堆積している。

## 図-5.10　J₁-J₁'（KD61-KD69H1）断面図

1．変成岩（mr）と中生層（M）が断層により接している（15付近）。

2．その周辺に先阿蘇火山岩類（Pa）が形成された。西側は金峰山中期～古期噴出物、東側は阿蘇カルデラ壁輝石安山岩と推定される。

3．先阿蘇火山岩類（Pa）の窪地に2/1間堆積物（2/1）が9と11のところに堆積した。

4．Aso-2が10-31間に堆積した。25-27間の先阿蘇火山岩類（Pa）の窪地は古加勢川により侵食されてできたものと考えられる。

5．その後、3/2間堆積物（3/2）から4/3間堆積物（4/3）まで堆積した。

6．高遊原溶岩（TK）が22から31間に厚く堆積した。

7．Aso-4が広く堆積した。

8．段丘堆積物（Tl, Tm）が平地に堆積した。

9．現在の河川による侵食域に沖積層（Al）、斜面には崖錐堆積物（dt）が堆積した。阿蘇中央火口丘群からの噴出物の火山灰土が高遊原溶岩（TK）の台地の上と平地に見られる。

10．立田山断層が12付近に、布田川断層と北向山断層が29から32間に見られる。布田川断層により西側が落ちている。

## 図-5.11　K₁-K₁'（KD71-KD79H1）断面図

1．変成岩（mr）が1-29間にみられる。

2．中生層（M）が13-25間と29-37間に存在している。

3．その上や周辺に先阿蘇火山岩類（Pa）が形成された。

4．先阿蘇火山岩類（Pa）と25-29間の変成岩（mr）や29付近の中生層（M）とは断層である。

5．先阿蘇火山岩類（Pa）の窪地（14付近）に益城層群（D）がに堆積した。また金峰山の窪地（カルデラ、2-5間）にも堆積した。

6．Aso-1が14、20と29付近及び35-37間に堆積した。

7．2/1間堆積物（2/1）が13-15間と20付近に見られる。

8．砥川溶岩（Tv）が13-16間に形成された。

9．Aso-2が15-36間に堆積、特に16付近は砥川溶岩（Tv）に載っているのが見られる。

10．砥川溶岩（Tv）の上（8-9間）や窪地（18付近）に3/2間堆積物（3/2）が堆積した。同時期に金峰山新期噴出物（It）が噴出して金峰山に一の岳ドームをつくった（2-5間）。

11．Aso-3から4/3間堆積物が8-30間に堆積した。

12．高遊原溶岩（TK）が21から25間に形成された。

13．Aso-4が広く堆積した。

14．段丘堆積物（Tl, Tm）が平地に堆積した。

15．現在の河川による侵食域に沖積層（Al）、斜面には崖錐堆積物（dt）が堆積した。阿蘇中央火口

火口丘群からの噴出物の火山灰土が高遊原溶岩（TK）の台地の上や低地にみられる。

16. 立田山断層が10-11間のところに、25-26間に布田川断層が見られる。

17. 24付近のPaの窪地は古加勢川により浸食されたと考えられる。


## 図-5.12　L₁-L₁'（KD81-KD89H1）断面図

1. 変成岩（mr）が1-12と22-24付近にみられる。

2. 中生層（M）が10-23と26-31間に存在している。

3. 変成岩（mr）と中生層（M）の間に超苦鉄質岩類（um）が貫入した（24-27付近）。

4. 中生層（M）の東部と1-21間に先阿蘇火山岩類（Pa）が形成された。

5. 益城層群（D）が9-16間と変成岩類（mr）、超苦鉄質岩類（um）と中生層（M）の上に堆積した（18-29間）。

6. Aso-1が11-26間に堆積した。

7. 2/1間堆積物（2/1）が8-22間に堆積した。

8. 砥川溶岩（Tv）が8-20付近に形成された。

9. Aso-2が22付近にわずかにみられる。

10. 3/2間堆積物（3/2）からAso-4までが堆積した。

11. 段丘堆積物（Tl, Tm）が平地に堆積した。

12. 現在の河川による侵食域に沖積層（Al）が堆積した。阿蘇中央火口火口丘群からの噴出物の火山灰土（Kb, Ab）が平地にみられる。

13. 立田山断層が5-6間のところに、22-23間に布田川断層が見られる。これに付随した2本の断層が西側に見られる。


## 図-5.13　M-M'（KD91-KD99H1）断面図

1. 中生層（M）が6-37間に存在している。

2. 先阿蘇火山岩類（Pa）が中生層（M）の東部（29-37間）に流れてきた。21-23間の船野山は単独丘である。

3. 益城層群（D）が28-37間に中生層（M）や先阿蘇火山岩類（Pa）の上に堆積した。また低地（1-20間）にも厚く堆積した。

4. Aso-1が7-20間と25-30間の中生層（M）の窪地に堆積。

5. 2/1間堆積物が1-20間に堆積。

6. 砥川溶岩（Tv）が10-21間に流出した。日奈久断層近くの中生層（M）斜面に存在する砥川溶岩（Tv）は噴火当時の溶岩の高さを示すものと思われる。現在の地下に存在する砥川溶岩（Tv）は断層により沈下したものである。

7. 3/2間堆積物（3/2）からAso-4までが堆積した。

8. 段丘堆積物（Tl, Tm）が平地に堆積した。

9. 現在の河川による侵食域に沖積層（Al）が堆積した。

10. 日奈久断層が20付近に見られる。砥川溶岩（Tv）は日奈久断層によって切られ複雑な分布になっている。

## 図-5.14　N-N'（LD01-LD07H1）断面図

1. 変成岩（mr）が1-5間の深部に存在する。
2. 中生層（M）が3-25間に存在するが、9-10間の布田川断層（宇土区間）で落差を生じている。
3. その落差で生じた窪地に先阿蘇火山岩類（Pa）がみられる。
4. 益城層群（D）が1-14間の低地に堆積している。
5. Aso-1が24付近の中生層（M）の窪地に堆積した。
6. 2/1間堆積物（2/1）が益城層群（D）の低地部に堆積した。
7. Aso-3が全体的に堆積し、その後の侵食によって1-14間と22-25間に残った。
8. 4/3間堆積物（4/3）が1-14と15-19間の窪地に堆積した。
9. Aso-4が全体的に堆積した。
10. 段丘堆積物（Tl,Tm）が1-15間と18-19間に堆積した。
11. 低地に沖積層（Al）が堆積した。
12. 断層が18-19間に2本みられる。


## 図-5.15　O-O'（LD11-LD17H1）断面図

1. 変成岩（mr）が1と25付近に、中生層（M）が1-25間に存在する。中生層（M）は3の布田川断層（宇土区間）で落差を生じている。
2. 先阿蘇火山岩類（Pa）が1-5間に見られ、布田川断層（宇土区間）で落差を生じている。
3. 益城層群（D）が1-7間の低地部に堆積している。
4. Aso-1が20-24間の中生層（M）の窪地に堆積している。
5. 2/1間堆積物（2/1）が益城層群（D）を覆い中生層（M）の窪地に堆積した。
6. Aso-3が1-17間に堆積した。
7. 4/3間堆積物（4/3）が1-12間の窪地に堆積した。
8. Aso-4が全体的に堆積した。その後、緑川や御船川付近では侵食されているが斜面の一部に残っている。
9. 段丘堆積物（Tl,Tm）が1-15間に堆積した。
10. 低地に沖積層（Al）が堆積した。
11. 断層が17付近と23-24付近に3本みられる。


## 図-5.16　P-P'（LD21-LD27H1）断面図

1. 変成岩（mr）が20-25付近に、中生層（M）が1-21間に存在する。
2. 先阿蘇火山岩類（Pa）が1-5間に見られる。
3. 2/1間堆積物（2/1）と4/3間堆積物（4/3）が5-7間の先阿蘇火山岩類（Pa）と中生層（M）の窪地に堆積した。
4. Aso-4が全体的に堆積した。緑川付近では侵食されているが浜戸川では河床部に残っている。
5. 段丘堆積物（Tl,Tm）が形成され、沖積層（Al）が低地部に堆積した。

## 図-5.17　Q-Q'（LD31-LD37H1）断面図

1．変成岩（mr）が17-25付近に、中生層（M）が1-17間に存在する。

2．先阿蘇火山岩類（Pa）が1-6間に見られる。

3．2/1間堆積物（2/1）、Aso-3と4/3間堆積物（4/3）が先阿蘇火山岩類（Pa）と中生層（M）の窪地に堆積し（6付近）。

4．Aso-4が全体的に堆積した。緑川付近では侵食されているが浜戸川では河床部に残っている。

5．段丘堆積物（Tl,Tm）や沖積層（Al）が低地部に堆積した。


## 南北断面図

## 図-5.18　1-1'（JD71-LD31V1）断面図

1．この地区の変成岩（mr）は約２億年前の三郡変成岩であり、その上に約４億年前の変はんれい岩（Mg）が乗り上げている（A付近）。また、約８千万年前に貫入した花崗岩（Gr）が変成岩（mr）の下と地表に見られる。

2．先阿蘇火山岩類（Pa）がG-O間とO-Q間に形成された。北側の先阿蘇火山岩類（Pa）は金峰山系火山岩類であり南側のものは宇土半島の大岳火山岩類である。

3．熊本地区の地溝帯M-O間の窪地に益城層群（D）と2/1間堆積物（2/1）が堆積した。

4．その上にAso-3から沖積層（Al）が堆積した。$K_3$-O間と$K_3$-$L_3$間の窪地には窪みがみられる。Aso-4はAからHの山間部の谷間にも堆積している。

5．現在の河川による侵食域にも沖積層（Al）が堆積している。

　　＊注　Ｉ～Ｍ間は１km毎に３区間に分割している（例　Ｉ区間は$I_1,I_2,I_3$）


## 図-5.19　3-3'（JD71-LD31V3）断面図

1．この地区の変成岩（mr）は約２億年前の三郡変成岩であり、その上に約４億年前の変はんれい岩（Mg）が乗り上げている（A付近）。また、約８千万年前に貫入した花崗岩（Gr）が変成岩（mr）の下と地表に見られる。

2．先阿蘇火山岩類（Pa）がG-O間とO-Q間に形成された。北側の先阿蘇火山岩類（Pa）は金峰山系火山岩類であり南側のものは宇土半島の大岳火山岩類である。

3．益城層群（D）が熊本地区の地溝帯（$L_2$-O間）の窪地（-300m以下）と金峰山カルデラの窪地に堆積した。

4．2/1間堆積物（2/1）が地溝帯（$L_2$-O間）に堆積した。

5．3/2間堆積物（3/2）の堆積時期に金峰山新期噴出物（It）が噴出して金峰山のドームをつくった（$J_2$-$K_2$のところ）。

6．Aso-3から沖積層（Al）が地溝帯（$L_2$-O間）に堆積した。Aso-3やAso-4は山間部の谷間にも堆積している。


## 図-5.20　5-5'（JD72-LD32V1）断面図

1．この地区の変成岩（mr）は約２億年前の三郡変成岩であり、その上に約４億年前の変はんれい岩（Mg）が乗り上げている（A-B付近）。また、約８千万年前に貫入した花崗岩（Gr）が変成岩（mr）

の下と地表に見られる。

2．先阿蘇火山岩類（Pa）がH-N間とP-Q間に形成された。北側の先阿蘇火山岩類（Pa）は金峰山系火山岩類であり南側のものは宇土半島の大岳火山岩類である。

3．益城層群（D）が熊本地区の地溝帯（$L_2$-P間）の窪地に堆積した。

4．2/1間堆積物（2/1）から沖積層（Al）までが地溝帯（$L_2$-O間）に堆積した。O-P間のAso-3からAso-4間は水平に堆積していない。

5．山間部の窪地（E-F間、G-I間）にはAso-2からAso-4の堆積がみられる。


## 図-5.21　7-7'（JD72-LD32V3）断面図

1．この地区の変成岩（mr）は約2億年前の三郡変成岩であり、その上に約4億年前の変はんれい岩（Mg）が乗り上げている（A-B付近）。また、約8千万年前に貫入した花崗岩（Gr）が変成岩（mr）の下に見られる。

2．先阿蘇火山岩類（Pa）がG-N間に形成された。

3．益城層群（D）が熊本地区の地溝帯（$L_1$-O間）の窪地に堆積した。

4．Aso-1から沖積層（Al）までが地溝帯（$L_1$-O間）に堆積した。

5．山間部の窪地（C-E間）にも益城層群（D）から沖積層（Al）までの堆積がみられる。


## 図-5.22　9-9'（JD73-LD33V1）断面図

1．この地区の変成岩（mr）は約2億年前の三郡変成岩であり、その上に約4億年前の変はんれい岩（Mg）が乗り上げている（A付近）。また、約8千万年前に貫入した花崗岩（Gr）が変成岩（mr）の下と地表に見られる。南には中生層（M）がL-N間とN-Q間に存在している。

2．先阿蘇火山岩類（Pa）がG-N間に形成された。

3．益城層群（D）がC-E間の窪地（地溝帯？）および熊本地区の地溝帯（$L_1$-O間）の窪地に堆積した。

4．Aso-1から沖積層（Al）までが地溝帯（$L_1$-O間）に堆積した。

5．他の窪地にもAso-2から沖積層（Al）までの堆積がみられる。


## 図-5.23　11-11'（JD73-LD33V3）断面図

1．この地区の変成岩（mr）は約2億年前の三郡変成岩であり、その上に約4億年前の変はんれい岩（Mg）が乗り上げている（A-C付近）。また、約8千万年前に貫入した花崗岩（Gr）が変成岩（mr）の下と地表に見られる（A-C間）。B断面では地表に花崗岩（Gr）が見られ、変はんれい岩（Mg）に貫入しているように見える。南には中生層（M）がL-N間とN-Q間に存在している。

2．先阿蘇火山岩類（Pa）がH-N間に形成された。二塚山の東斜面は急になっている。

3．益城層群（D）がC-E間の窪地（地溝帯？）および熊本地区の地溝帯（$K_2$-O間）の窪地に堆積した。

4．Aso-1から沖積層（Al）までが地溝帯（$K_2$-O間）に堆積した。

5．他の窪地にもAso-2から沖積層（Al）までの堆積がみられる。

6．Aso-4の厚い堆積物がC-D間、E-$I_1$間、P-Q間に堆積し台地をつくったが、E付近は菊池川により侵食されてなくなっているか、堆積できない環境であったことを示している。$I_3$-$L_1$間でも堆積していない。これも菊池川流域におけるE付近と同様な結果であったと推定される。

## 図-5.24　13-13'（JD74-LD34V1）断面図

1. この地区の変成岩（mr）は約2億年前の三郡変成岩であり、その上に約4億年前の変はんれい岩（Mg）が乗り上げている（A-C付近）。また、約8千万年前に貫入した花崗岩（Gr）が変成岩（mr）の下に見られる（A-D間）。南には中生層Mが K-N間とN-Q間に存在している。

2. 先阿蘇火山岩類（Pa）がG-N間に形成された。二子山には石器を制作した遺跡場があり、岩質は高マグネシア安山岩[40]であるとの報告がある。立田山とは岩質が異なるので単独の火山と考えられるが、ここでは同一の岩体として描いている。

3. 益城層群（D）がC-F間の窪地（地溝帯？）と$I_1$付近の先阿蘇火山岩類（Pa）の窪地、および熊本地区の地溝帯（$K_2$-N間）の窪地に堆積した。

4. Aso-1、2/1間堆積物（2/1）、砥川溶岩（Tv）が地溝帯（$K_2$-N間）に形成された。

5. Aso-2が C-$I_3$間に堆積した。

6. 3/2間堆積物（3/2）から沖積層（Al）までが堆積した（C-P間）。

7. Aso-4の厚い堆積物が C-$I_2$間、N-Q間に堆積し、標高70mの台地をつくったが、M-N間は-30m付近に分布しており、地盤が沈下していることを示している。

## 図-5.25　15-15'（JD74-LD34V3）断面図

1. この地区の変成岩（mr）は約2億年前の三郡変成岩であり、約8千万年前に貫入した花崗岩（Gr）が変成岩（mr）の下と地表に見られる（A-D間）。

2. 先阿蘇火山岩類（Pa）がA付近とG-M間に形成された。

3. 益城層群（D）がC-F間の窪地（地溝帯？）および熊本地区の地溝帯（$K_2$-N間）の窪地（-220m以下）に堆積した。

4. Aso-1が熊本地区の地溝帯（$K_2$-N間）の窪地に堆積した。

5. 2/1間堆積物（2/1）がC-F間とG-$I_2$間及び熊本地区の地溝帯（$K_2$-N間）の窪地に堆積した。

6. 砥川溶岩（Tv）が地溝帯（$J_3$-N間）に流出した。

7. Aso-2が C-$J_2$間に堆積した。

8. 3/2間堆積物（3/2）から沖積層（Al）までが堆積した。

9. Aso-4の厚い堆積物がF-I1間に標高80m程度の台地を作ったが、M-N間は-40m付近に分布しており、断層で地盤が沈下していることを示している。

## 図-5.26　17-17'（JD75-LD35V1）断面図

1. 変成岩（mr）がE-K間とQ付近に、中生層（M）がH-Q間に存在している。

2. 花崗岩（Gr）がA-E間に貫入してきた。そのあと玄武岩質岩石（b）が貫入した（D付近）。

3. 先阿蘇火山岩類（Pa）がA-B間、F-H間、$I_1$-$I_3$間と$L_1$-$L_2$間に形成された。

4. 益城層群（D）がE-H間の窪地および熊本地区の地溝帯（$L_2$-N間）の窪地に堆積した。その後、北落ちの断層によって大きな落差が生じている。他の地層も同様である。

5. Aso-1が熊本地区の地溝帯（$L_1$-M間）の窪地に堆積した。

6. 2/1間堆積物（2/1）がE-H間と$L_1$-O間に堆積した。

7. 砥川溶岩（Tv）が地溝帯（$L_1$-N間）に流出した。

8．Aso-2がD-K$_1$間に堆積した。

9．3/2間堆積物（3/2）から沖積層（Al）までが堆積した。

10．Aso-4や段丘堆積物（Tl,Tm）の厚い堆積物が台地を作ったが、L$_2$-O間は−20m付近に分布しており、断層で地盤が沈下していることを示している。

## 図-5.27　19-19'（JD75-LD35V3）断面図

1．変成岩（mr）がD-L間とP-Q間に見られる。また中生層（M）がH-Q間に存在している。

2．花崗岩（Gr）がA-D間に貫入してきた。

3．先阿蘇火山岩類（Pa）がA-B間とE-L$_3$間に形成された。

4．益城層群（D）がD-H間の窪地や熊本地区の地溝帯（K-N間）の窪地に堆積した。

5．Aso-1と2/1間堆積物（2/1）が広範囲の窪地（D-I$_3$間）や熊本地溝帯（K$_1$-N間）に堆積した。

6．砥川溶岩（Tv）が地溝帯（K$_1$-N間）に流出した。

7．Aso-2がE-L$_1$間に堆積した。

8．3/2間堆積物（3/2）から沖積層（Al）までが堆積した。

9．Aso-4や段丘堆積物（Tl,Tm）の厚い堆積物が台地をつくっている。

10．熊本地区の地溝帯（K$_1$-N間）のすべての地層はL$_3$付近で大きな沈下が見られる。M付近の断層で挟まれた地帯は両方の地層より高くなっていて地塁の形態を示している。南の中生層（M）に接している新しい地層は断層で地盤が沈下していることを示している。これらの判断は新しいボーリングデータにより修正される可能性がある。

## 図-5.28　21-21'（JD76-LD36V1）断面図

1．変成岩（mr）がD-K$_3$間とP-Q間に、中生層（M）がH$_2$-P間に存在している。

2．花崗岩（Gr）がA-D間に貫入してきた。

3．古第三紀層堆積物（mt）が堆積した後、玄武岩質岩石（b）が花崗岩（Gr）上に流れてきた。

4．先阿蘇火山岩類（Pa）がA-C間に形成されて玄武岩質岩石（b）を覆った。また、窪地（D-L$_1$間）にも堆積した。L$_2$-M間の船野山は独立丘である。

5．益城層群（D）がD-I$_1$間とK$_1$-L$_2$の窪地に堆積した。

6．Aso-1と2/1堆積間物（2/1）が広範囲の窪地（D-I$_2$間）や熊本地区の地溝帯（K$_3$付近）の窪地に堆積した。

7．砥川溶岩（Tv）がL$_2$およびL$_3$付近に流出した。

8．Aso-2から沖積層（Al）までが堆積した。

9．Aso-4や段丘堆積物（Tl,Tm）の厚い堆積物が台地をつくっている。とくに段丘堆積物（Tl,Tm）はAso-3が侵食された窪地に厚く堆積しており、当時に激しい侵食作用が起こったことを示している。原水駅や鼻ぐり井手付近の白川では段丘堆積物（Tl,Tm）が直接Aso-2の上に乗っている。両者は透水性がよく、熊本の地下水涵養の一役を担っていると推定される。

10．熊本地区の地溝帯（K$_1$-L$_3$間）の地層は3本の断層で切られており複雑な構造を示している。

## 図-5.29 23-23'（JD76-LD36V3）断面図

1. 変成岩（mr）が C-$K_1$ 間、$K_3$-$L_1$ 間と O-Q 間に見られる。$K_3$-$L_1$ 間の中生層（M）と変成岩（mr）の境には布田川断層があり、また変成岩（mr）の南側は断層で超苦鉄質岩類（um）と接している。

2. 中生層（M）が $H_3$-$K_3$ 間と $L_2$-O 間に存在している。

3. 花崗岩（Gr）が A-C 間に貫入してきた。

4. 古第三紀層堆積物（mt）が堆積した後、玄武岩質岩石（b）が花崗岩（Gr）上に流れてきた。

5. 先阿蘇火山岩類（Pa）が A-C 間に形成されて玄武岩質岩石（b）を覆った。また、窪地（D-$K_1$間）にも分布した。

6. 益城層群（D）が阿蘇火山岩類（Pa）の斜面の D-E 間に堆積した。また F,H 付近の窪地と $K_3$-$L_2$ 間にも堆積した。

7. Aso-1と2/1間堆積物（2/1）が広範囲の窪地（D-I3間）や $K_3$-$L_2$ 間の斜面から窪地に堆積した。

8. Aso-2から沖積層（Al）までが堆積した。$I_3$-$K_2$間には高遊原溶岩（TK）が4/3間堆積物（4/3）の上に流出した。

9. Aso-4や段丘堆積物（Tl,Tm）の厚い堆積物が台地をつくっている。とくに堀川から白川間には段丘堆積物（Tl,Tm）が堆積しており直接 Aso-2の上に乗っている。両者は透水性がよく、熊本の地下水涵養の一役を担っていると推定される。

10. $K_2$-$L_3$間の地層は5本の断層で切られており複雑な構造を示している。


## 図-5.30 25-25'（JD77-LD37V1）断面図

1. 変成岩（mr）が C-$K_1$ 間、$K_1$-$L_1$ 付近と O-Q 付近に見られる。$K_1$-$L_1$ 付近の変成岩（mr）の北側には布田川断層があり、新しい地層と接している。また南側では断層で超苦鉄質岩類（um）と接している。O-Q 付近の変成岩（mr）は石灰岩層（Lm）を挟んでいる。

2. 中生層（M）が $H_3$-$J_3$ 間と $L_1$-O 間に存在している。

3. 花崗岩（Gr）が A-C 間に貫入してきた。

4. 古第三紀層堆積物（mt）が堆積した後、玄武岩質岩石（b）が花崗岩（Gr）上に流れてきた。

5. 先阿蘇火山岩類（Pa）が A-B 付近と変成岩（mr）の斜面から窪地（D-$K_1$間）にも形成された。

6. 益城層群（D）が先阿蘇火山岩類（Pa）の斜面の D-E 間に堆積した。また $K_1$-$L_2$付近の斜面にも存在する。

7. Aso-1が D-O 間の広範囲に分布している。F-$I_3$間の Aso-1は 0 m 付近の低地に存在している。

8. 2/1間堆積物（2/1）が窪地（F-$I_3$間）に堆積している。2/1間堆積物（2/1）は水成堆積物であるので、この部分は湖や沼などの窪地であったことを示している。また、$I_1$-$I_3$間に存在する Aso-1と2/1間堆積物（2/1）の南側は窪地であるのに堆積物は存在せず消滅している。とくに2/1間堆積物（2/1）はこのような堆積環境下では堆積しないと思えるので、以前は両者が $K_1$の布田川断層までの窪地に堆積していたものが河川によって侵食されたものと推定される。この河川は籾倉らが提唱した古加勢川かもしれない。

9. Aso-2から沖積層（Al）までが堆積した。$J_3$付近に河川侵食による Aso-2の窪地があり、そこに3/2間堆積物（3/2間）が堆積している。また、高遊原溶岩（TK）が4/3間堆積物（4/3）の上に流出した。

10. $K_1$-$L_2$間の地層は３本の断層で切られており複雑な構造を示している。北落ちの布田川断層により$I_3$-$K_1$付近の地層が南落ちに傾斜している。


**図-5.31　27-27'（JD77-KD87V3）断面図**

1. 変成岩(mr)が C-$J_3$付近と$K_1$-$K_3$付近に見られる。$K_1$-$K_3$付近の変成岩 (mr)の南側は断層で、中生層(M)と接している。また、中生層 (M) は$K_2$-M付近に存在し、その中に超苦鉄質岩類 (um) が見られる。

2. 花崗岩 （Gr) が A-C 間に貫入してきた。その後、その上に古第三紀層 （mt) が堆積した。

3. 先阿蘇火山岩類(Pa)が A 付近と C 付近の変成岩 (mr) の斜面から窪地（D-$K_2$間）にも形成された。$J_3$付近の断層で大きく食い違っているのが見られる。

4. Aso-1が C-D 間、G 付近と$I_3$付近、$K_1$-$K_2$付近に点々と分布している。C-D 間の Aso-1は菊池川の侵食した谷間を厚く埋めて堆積したことを示している。

5. 2/1間堆積物 （2/1）が G 付近の窪地に堆積している。

6. Aso-2から沖積層 （Al) までが堆積した。4/3間堆積物 （4/3）と Aso-4の間に高遊原溶岩 （TK)が$I_2$-$K_1$付近に流出した。

7. $J_3$-$L_3$間の地層は４本の断層で切られており複雑な構造を示している。北落ちの布田川断層により$I_3$-$K_1$付近の地層が南落ちの傾斜を示している。

8. $I_2$付近の岩坂には白川があり、その流れは南に存在する高遊原岩 （TK) の崖で制約されている。この地帯は表面に薄い段丘堆積物(Tl,Tm)とその下に厚い Aso-2が存在する。段丘堆積物(Tl,Tm)は砂礫からなり、土粒子間の空隙は大きく透水性は良い。Aso-2は硬～軟質の岩石であるが亀裂があり透水性が良い。白川の水がこの透水性の良い地層に入り込んでいることは十分考えられることと、Aso-2の地層が南に傾斜していることは、この地帯が南西部にある熊本市の水源地の地下水を涵養している可能性を示している。


**図-5.32　29-29'（JD78-KD88V1）断面図**

1. 変成岩 （mr) が C-$J_2$付近に見られる。また中生層 （M) は$J_2$-M 付近に存在している。

2. 花崗岩 （Gr) が B-C 間に貫入してきた。その後、その上に古第三紀層 （mt) が堆積し、さらにその上に玄武岩質岩石 （b) が流れてきた。

3. 先阿蘇火山岩類(Pa)が B-$K_3$付近に形成された。$J_2$付近の断層で大きく食い違っているのが見られる。

4. 益城層群 （D) が$L_1$-M 付近の中生層 （M) の上に堆積している。

5. Aso-1が C-D 間、G 付近、$I_2$-$J_2$間、$J_3$-$K_2$付近と$L_3$-M 付近に点々と分布している。C-E 間の Aso-1は菊池川の侵食した谷間を厚く埋めて堆積したことを示している。

6. Aso-2から沖積層 （Al) までが堆積した。4/3間堆積物 （4/3）と Aso-4の間に高遊原溶岩 （TK)が$I_2$-$K_1$付近に流出した。崖錐堆積物 （dt) や火山灰土 （Kb,Ab) も地表に見られる。

7. 北落ちの布田川断層により G-$J_2$付近の地層が南側に傾動しているように見える。

8. $I_1$付近の大林には白川があり、その下に厚い Aso-2が存在する。Aso-2は硬～軟質の岩石であるが亀裂があり透水性が良い。白川の水がこの透水性の良い地層に入り込んでいることは十分考えられることと、Aso-2の地層が南に傾斜していることは、この地帯が西南西にある熊本市の水源地の地下水を涵養している可能性を示している。

## 図-5.33　31-31'（JD78-KD88V3）断面図

1. B-$J_2$まで変成岩（mr）が分布し、中生層（M）が$J_2$-M付近に存在する。
2. 先阿蘇火山岩類（Pa）が全体に形成された。
3. 益城層群（D）が$L_2$-M付近に堆積している。
4. Aso-1がC-D付近、H付近と$K_2$付近に点々と分布している。D付近のAso-1は菊池川の侵食した谷間を厚く埋めて堆積したことを示している。
5. Aso-2から沖積層（Al）までが堆積した。崖錐堆積物（dt）も地表に見られる。
6. $I_1$付近に流れる白川の両岸に厚いAso-2の堆積物が階段状に見られる。

## 図-5.34　33-33'（JD79-KD89V1）断面図

1. B-$J_2$まで変成岩（mr）が分布し、その後先阿蘇火山岩類（Pa）が全体に形成された。
2. 益城層群（D）が（$L_2$-M付近）に堆積している。
3. Aso-1がC-F付近と$K_3$付近に分布している。D付近のAso-1は菊池川の侵食した谷間を厚く埋めて堆積して菊池渓谷をつくっている。
4. Aso-2から沖積層（Al）までが堆積した。崖錐堆積物（dt）も地表に見られる。
5. $I_1$付近に流れる白川の左岸に厚いAso-2が見られる。

## 図-5.35　35-35'（JD79-KD89V3）断面図

1. C-$H_3$に変成岩（mr）が分布し、中生層（M）がH-M間に存在する。
2. 先阿蘇火山岩類（Pa）が全体に形成された。
3. M付近に益城層群（D）がわずかに見られる。
4. Aso-1がC-G付近に分布している。D付近のAso-1は菊池川の侵食した谷間を厚く埋めて堆積している。
5. F付近に2/1溶岩がわずかに見られる。
6. Aso-2から沖積層（Al）までが堆積した。白川右岸には阿蘇中央火口丘群の溶岩（Nv）が見られる。崖錐堆積物（dt）も地表に見られる。

## 図-5.36　37-37'（JE70-KE80V1）断面図

1. 阿蘇カルデラ壁（FとI付近）を境に北側の基盤は変成岩（mr）、南側は中生層（M）と考えられる。
2. 基盤岩を被っている先阿蘇火山岩類（Pa）が全体に形成された。
3. M付近に益城層群（D）がわずかに見られる。
4. Aso-1がC-F付近に分布している。
5. Aso-2とAso-4がC-F付近に分布している。
6. Aso-4噴出後阿蘇カルデラ（G-$I_1$付近）が形成され、その部分に阿蘇中央火口丘群の噴出物（Nv）が噴出して堆積した。
7. 段丘堆積物（Tl, Tm）が$I_2$付近に堆積した。低地に沖積層（Al）が、斜面に崖錐堆積物（dt）が堆積している。

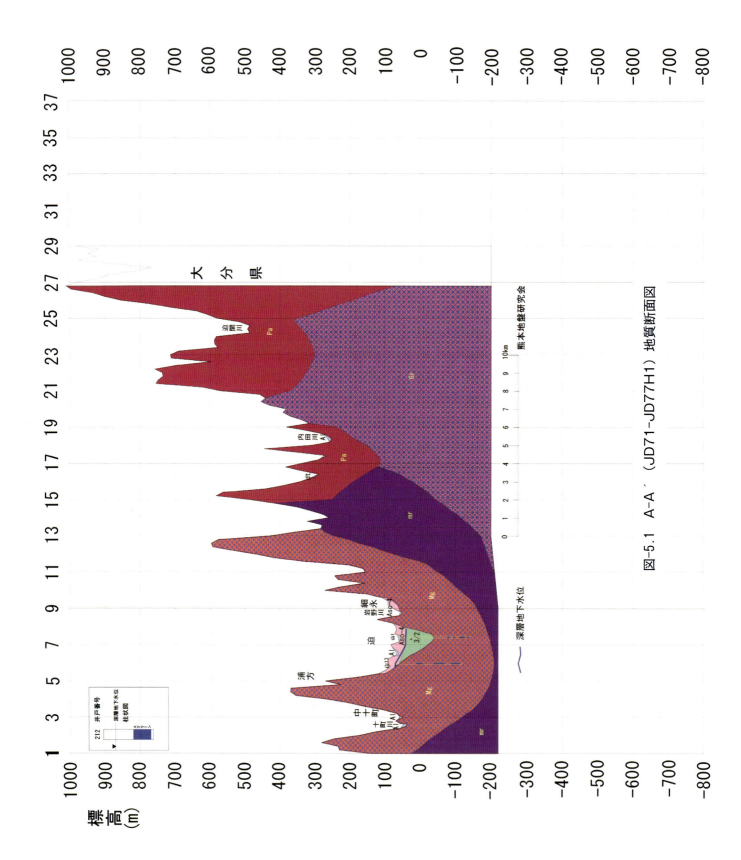

図-5.1 A-A'（JD71-JD77H1）地質断面図

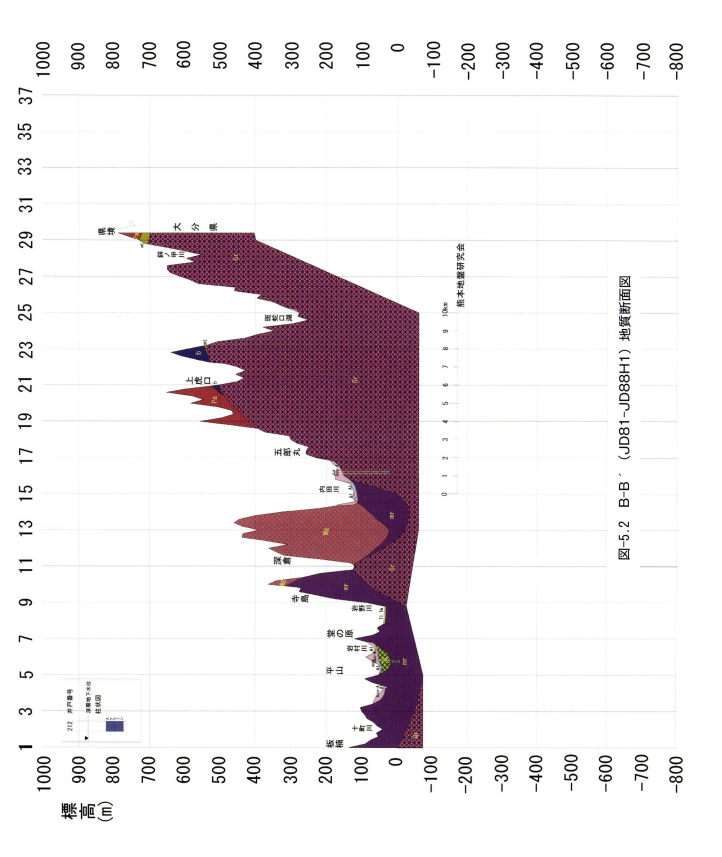

図-5.2 B-B'（JD81-JD88H1）地質断面図

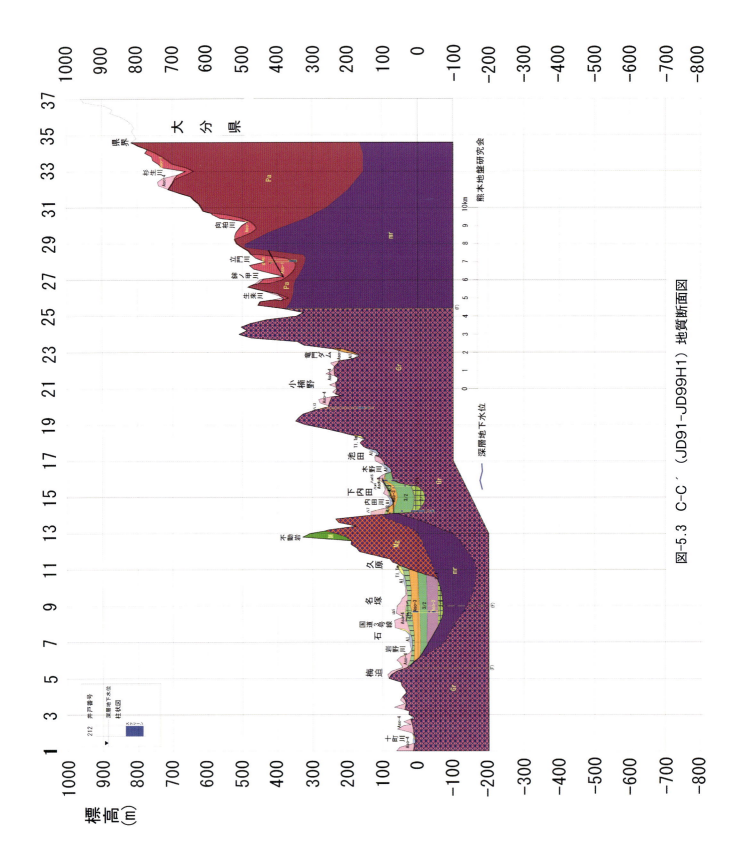

図-5.3 C-C'（JD91-JD99H1）地質断面図

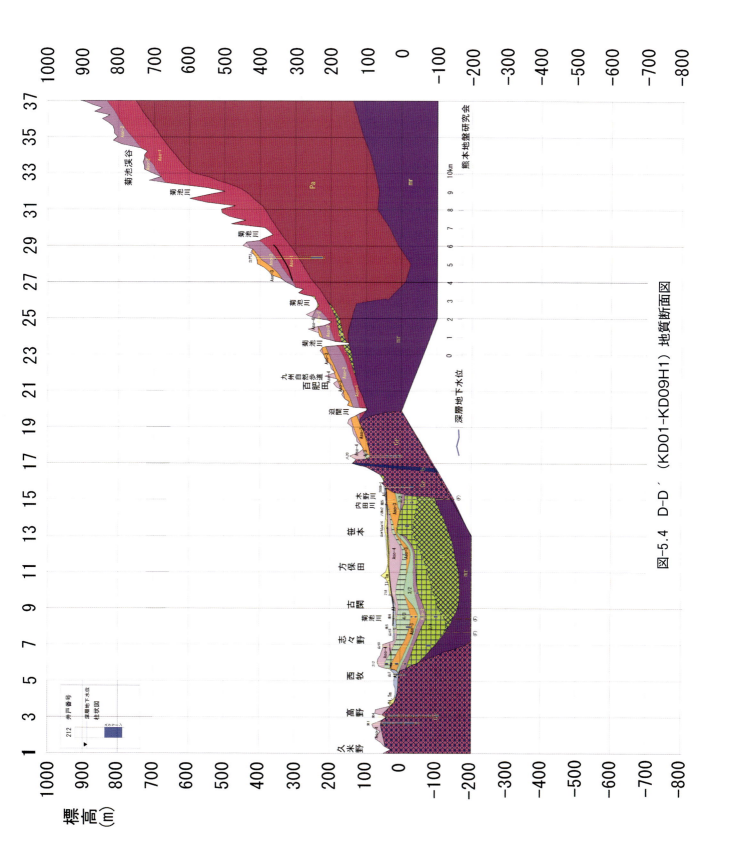

図-5.4 D-D'（KD01-KD09H1）地質断面図

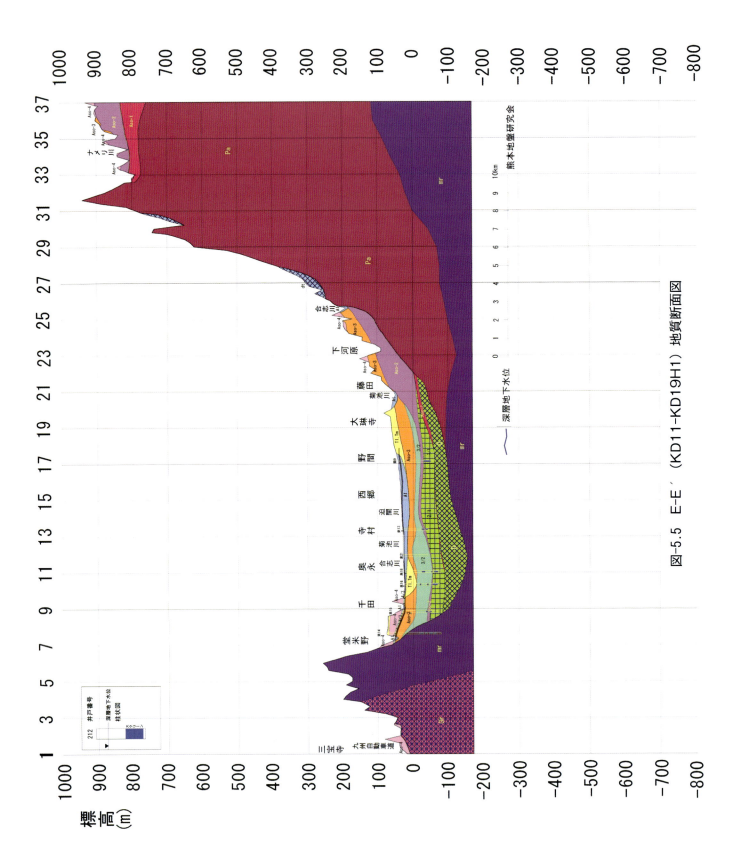

図-5.5 E-E´ (KD11-KD19H1) 地質断面図

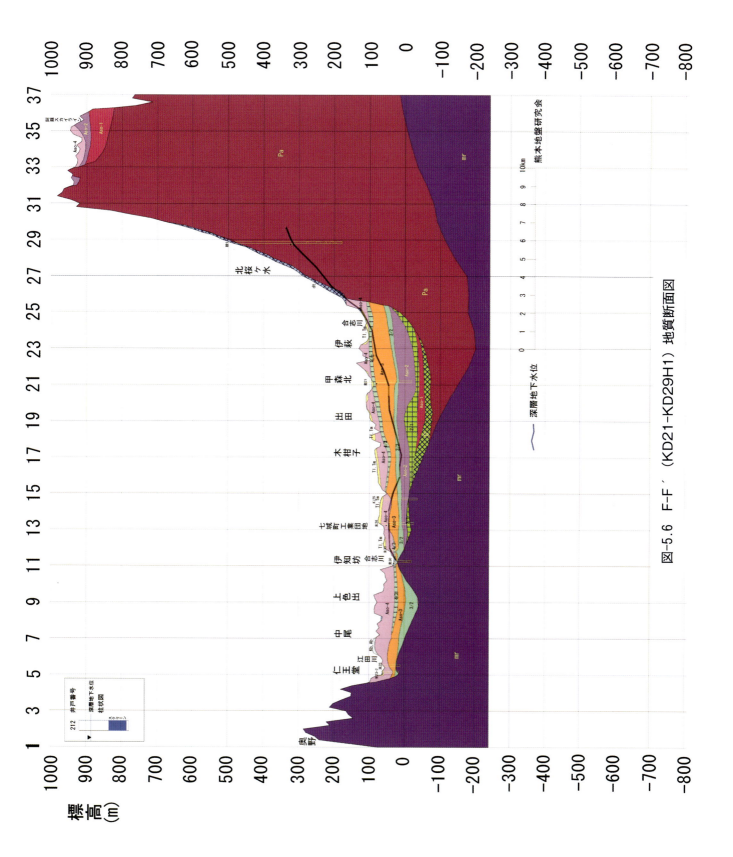

図-5.6 F-F'（KD21-KD29H1）地質断面図

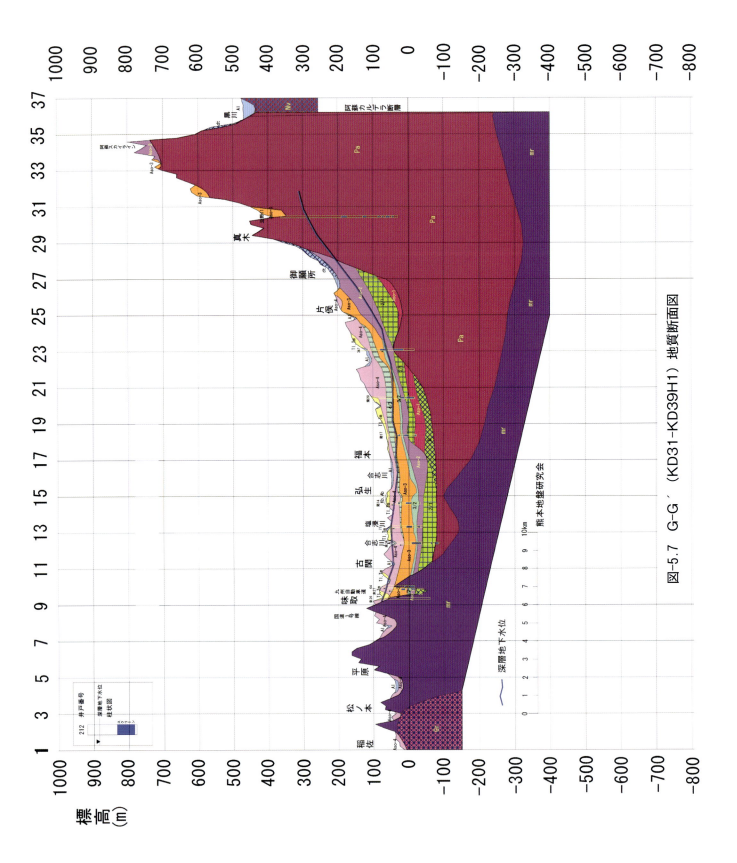

図-5.7 G-G'（KD31-KD39H1）地質断面図

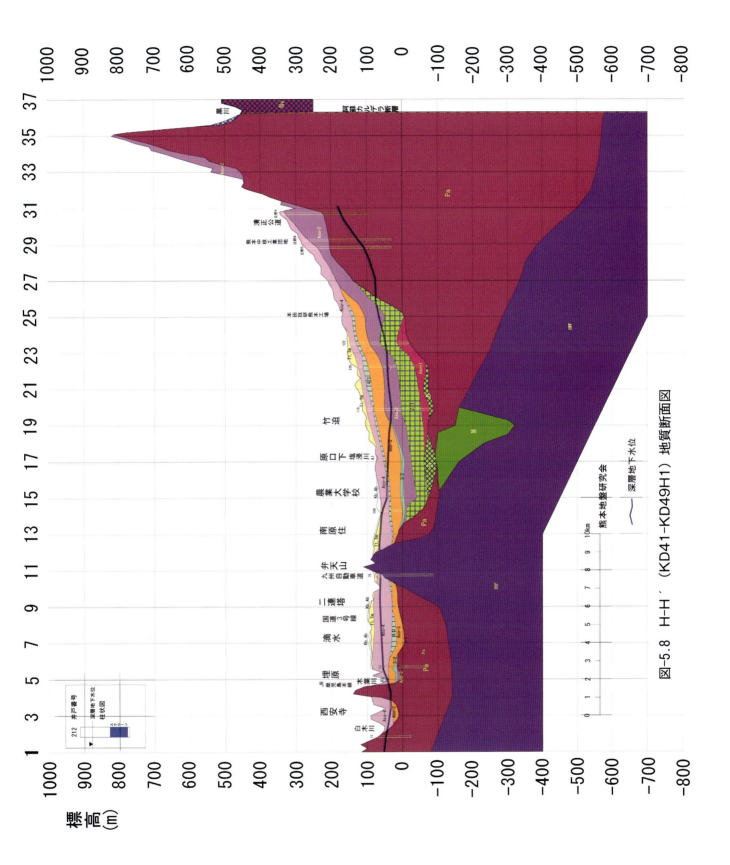

図-5.8 H-H′ (KD41-KD49H1) 地質断面図

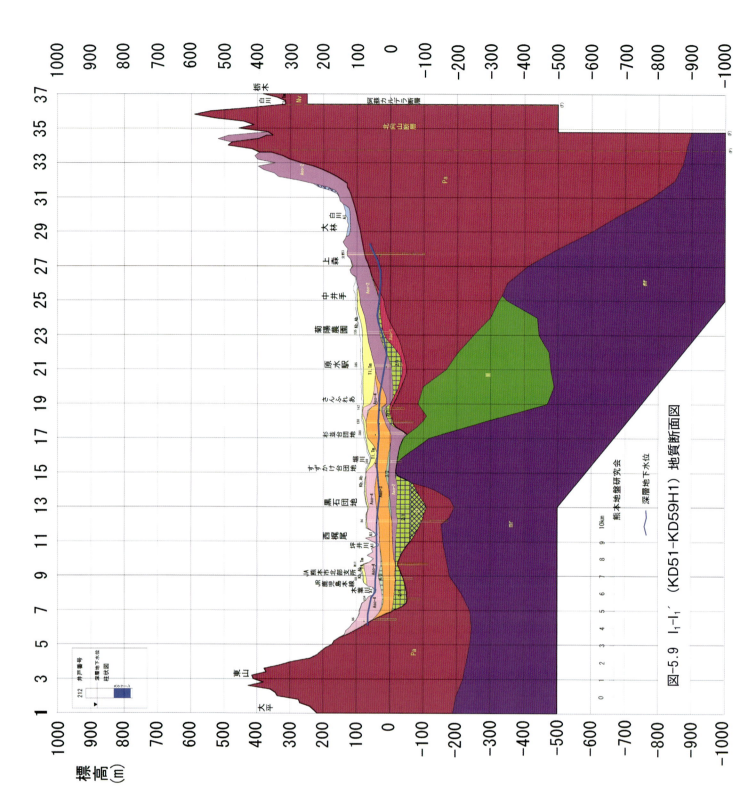

図-5.9 l₁-l₁' (KD51-KD59H1) 地質断面図

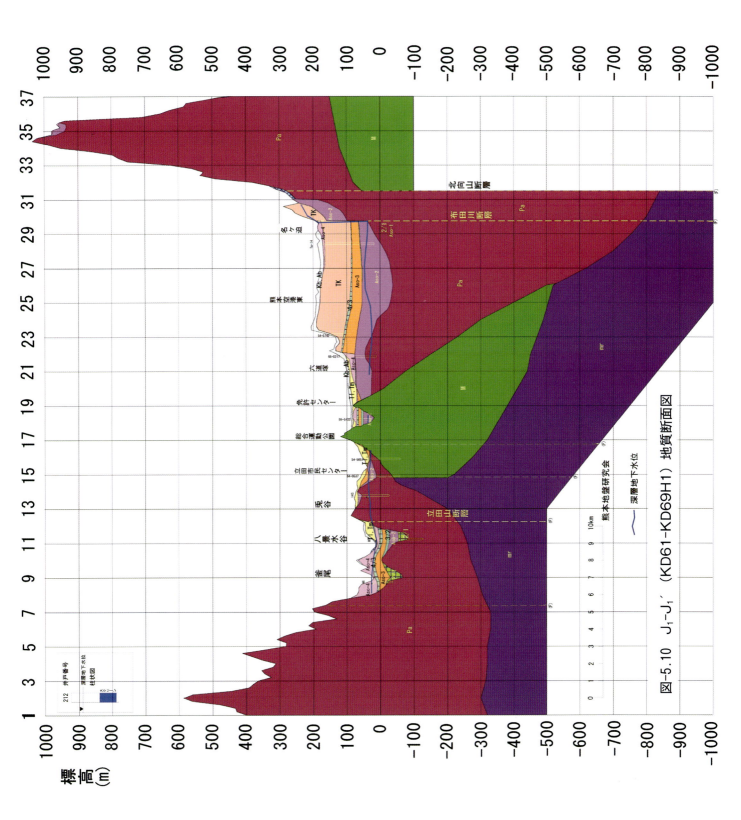

図-5.10 J₁-J₁' (KD61-KD69H1) 地質断面図

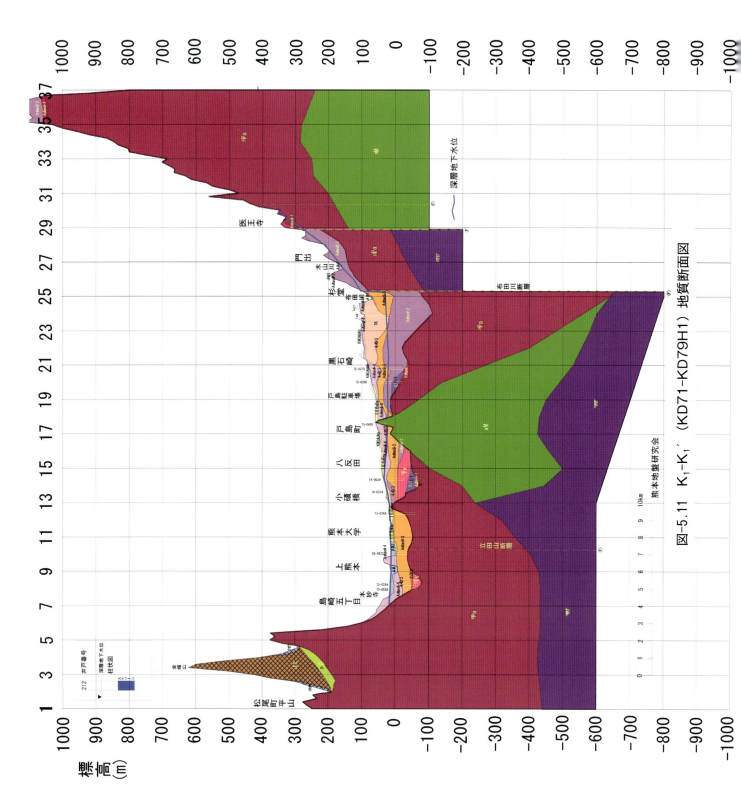

図-5.11 K₁-K₁' (KD71-KD79H1) 地質断面図

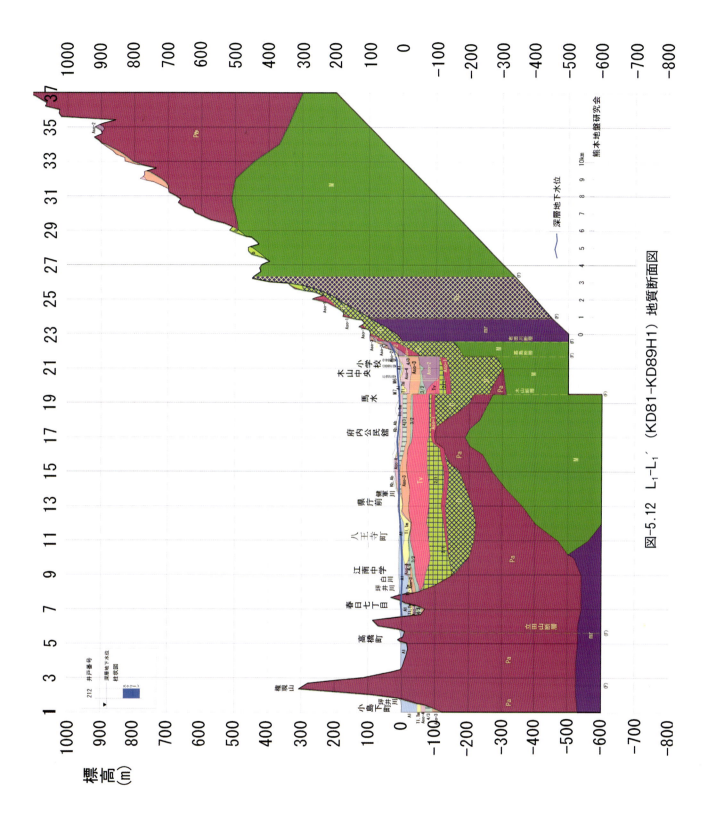

図-5.12 L₁-L₁' (KD81-KD89H1) 地質断面図

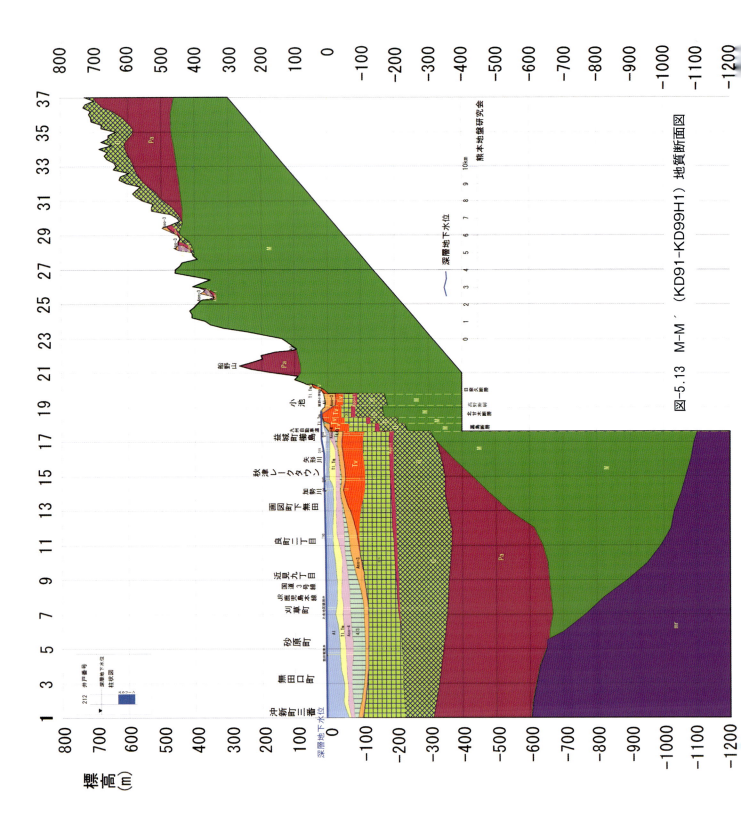

図-5.13 M-M' (KD91-KD99H1) 地質断面図

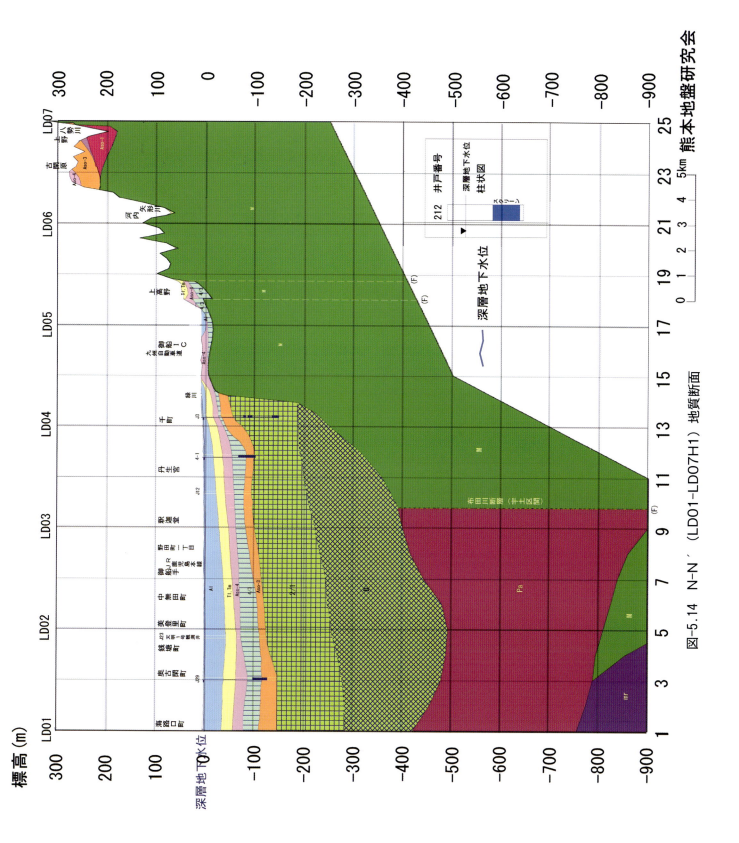

図-5.14 N-N'（LD01-LD07H1）地質断面

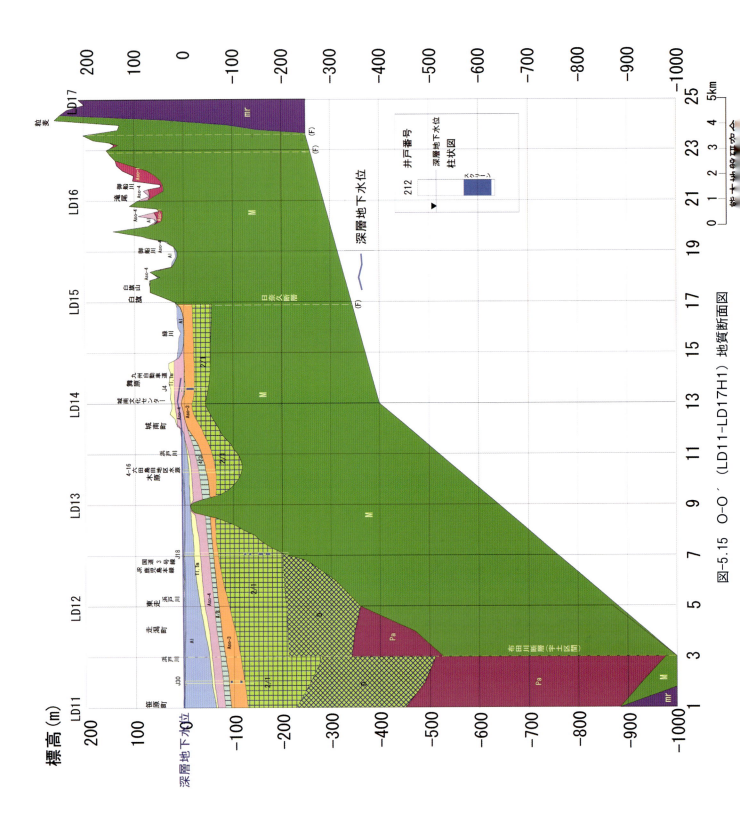

図-5.15 O-O´（LD11-LD17H1）地質断面図

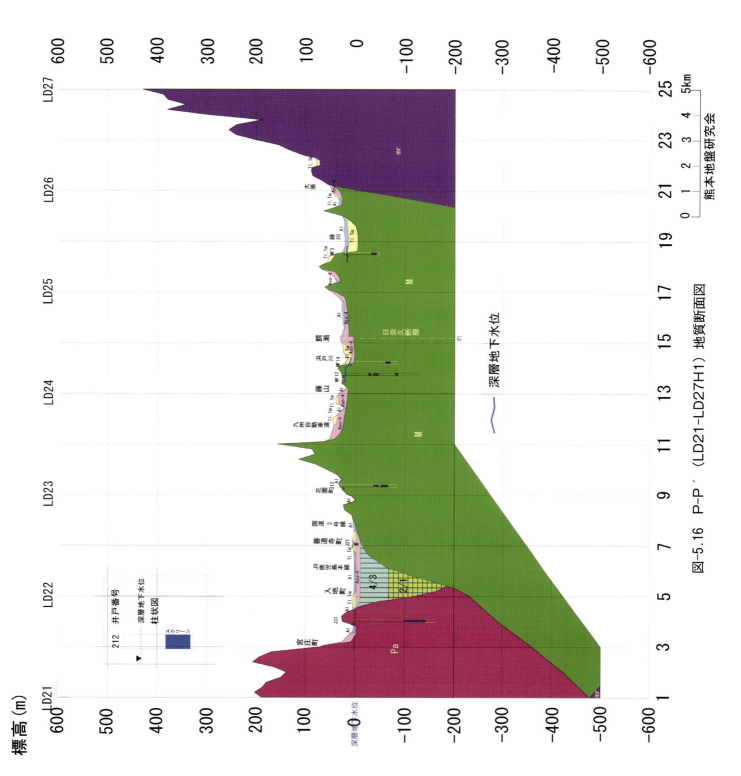

図-5.16 P-P′(LD21-LD27H1) 地質断面図

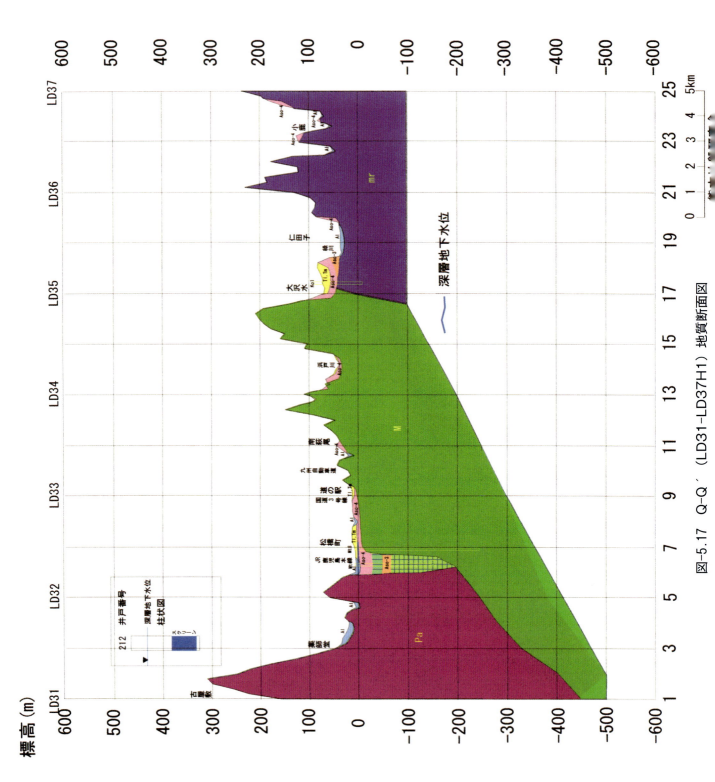

図-5.17 Q-Q'（LD31-LD37H1）地質断面図

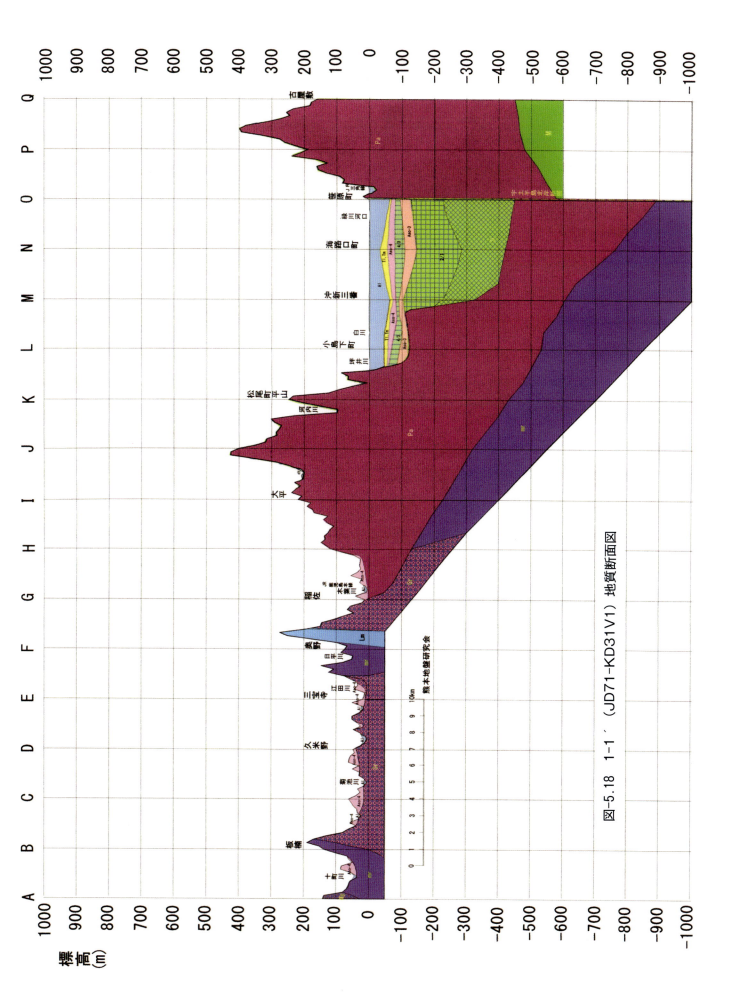

図-5.18 1-1′ (JD71-KD31V1) 地質断面図

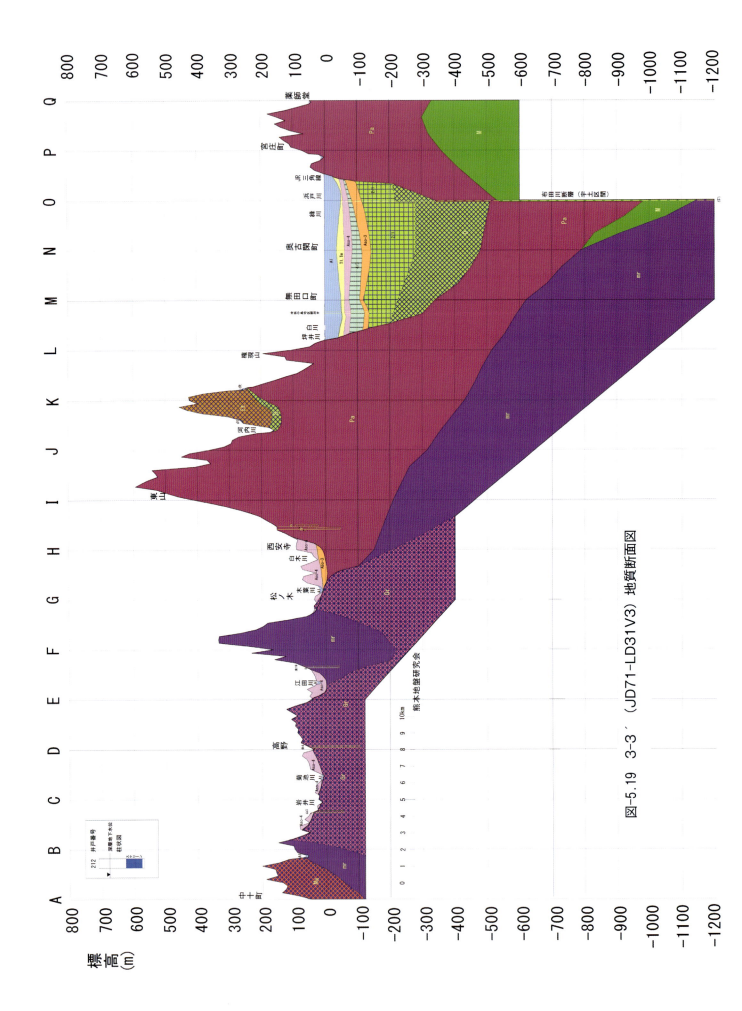

図-5.19 3-3' (JD71-LD31V3) 地質断面図

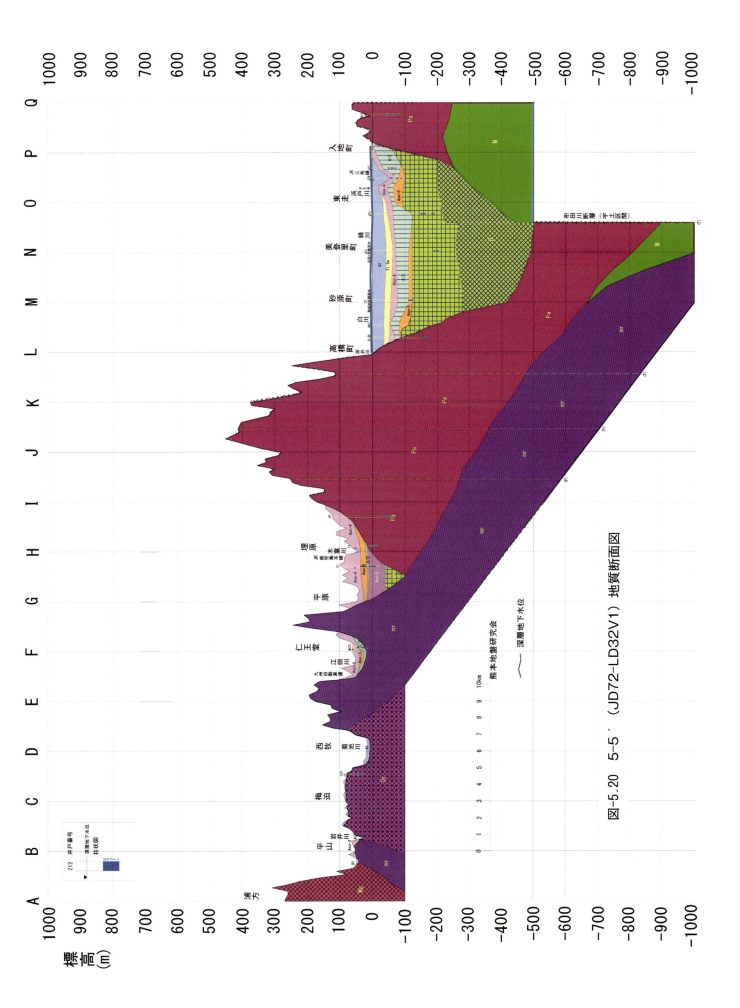

図-5.20 5-5'（JD72-LD32V1）地質断面図

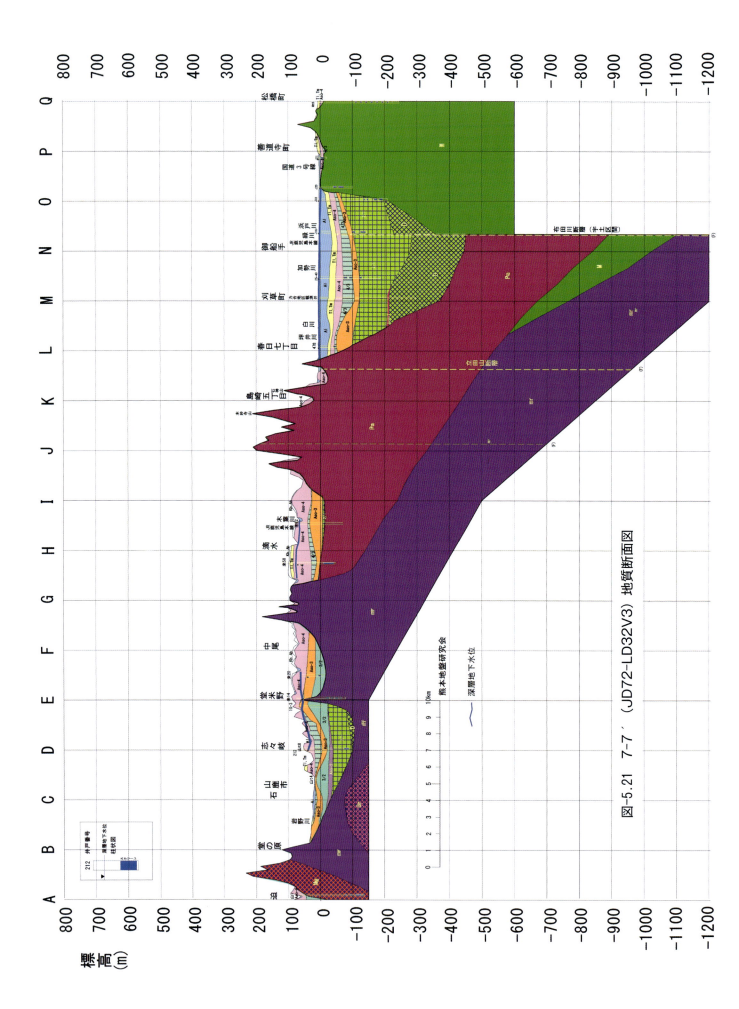

図-5.21 7-7′（JD72-LD32V3）地質断面図

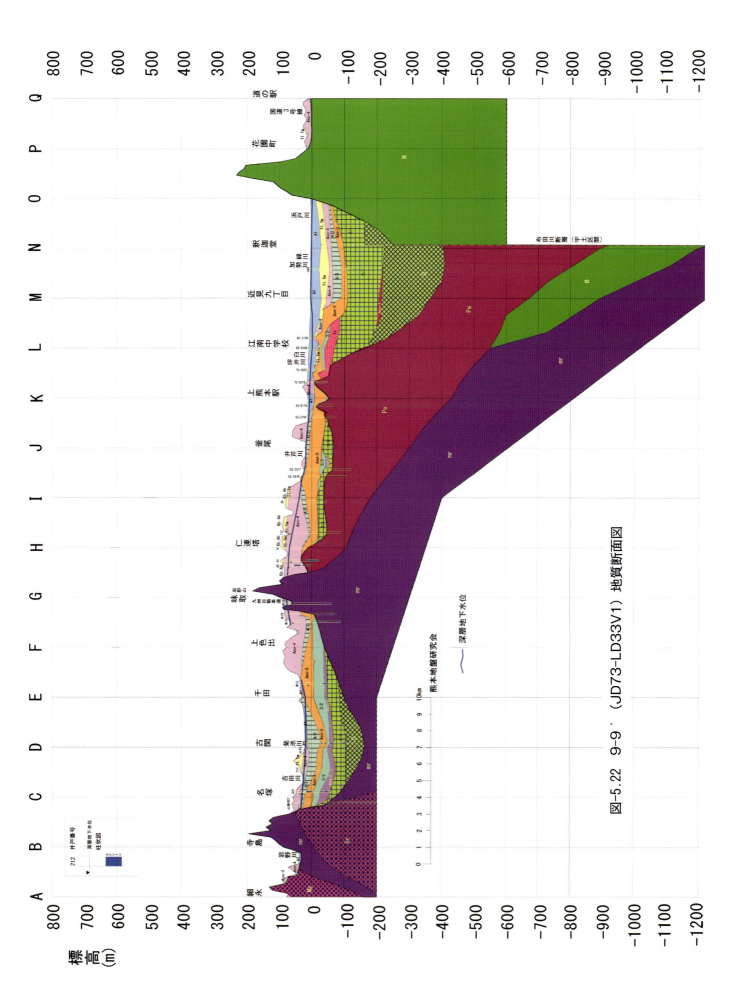

図-5.22 9-9' (JD73-LD33V1) 地質断面図

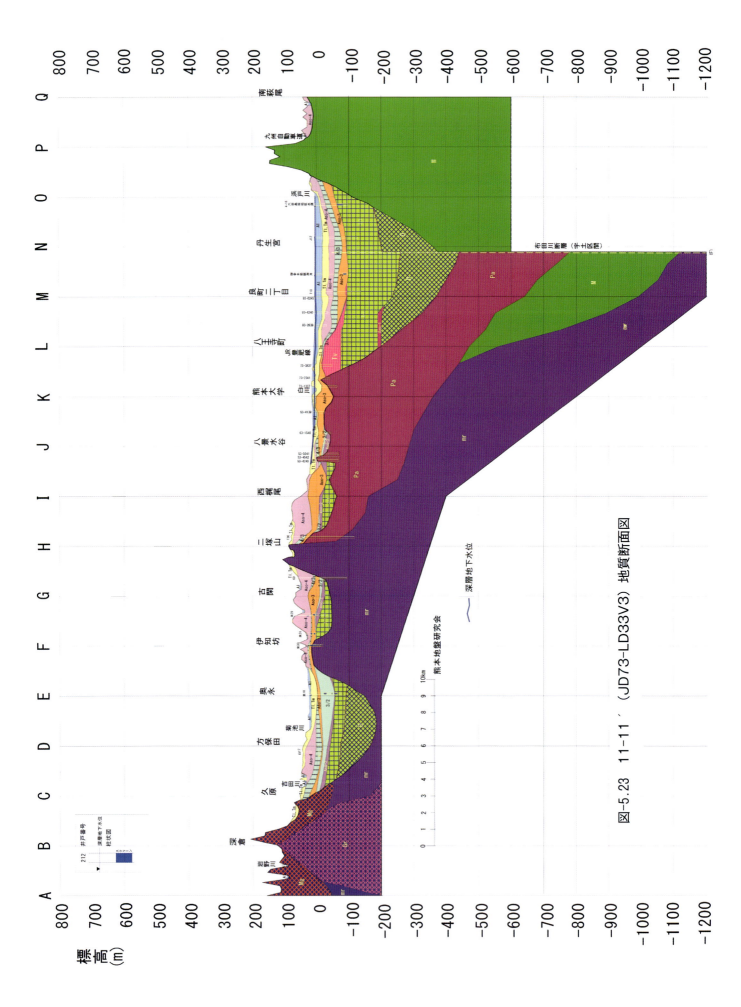

図-5.23 11-11' (JD73-LD33V3) 地質断面図

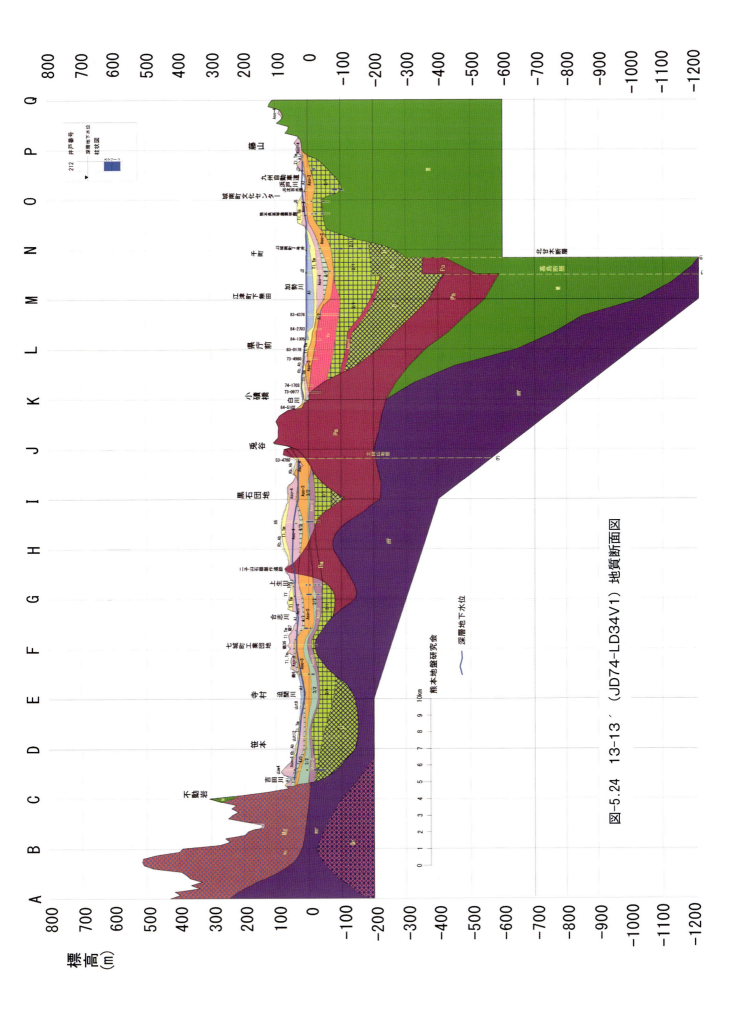

図-5.24 13-13' (JD74-LD34V1) 地質断面図

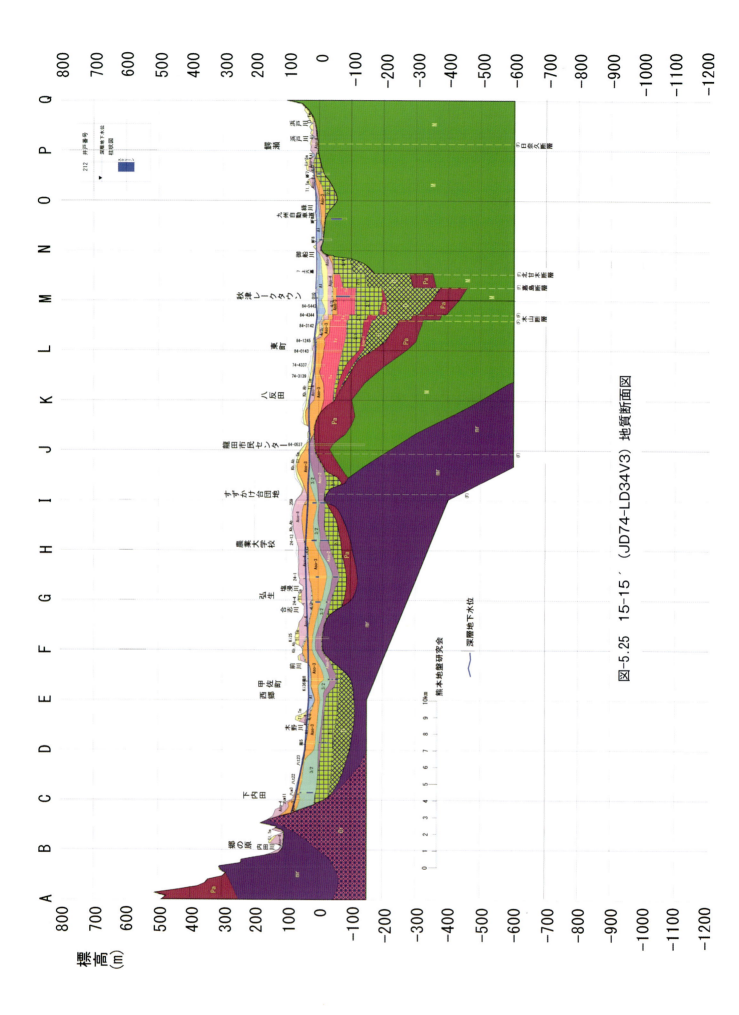

図-5.25 15-15′ (JD74-LD34V3) 地質断面図

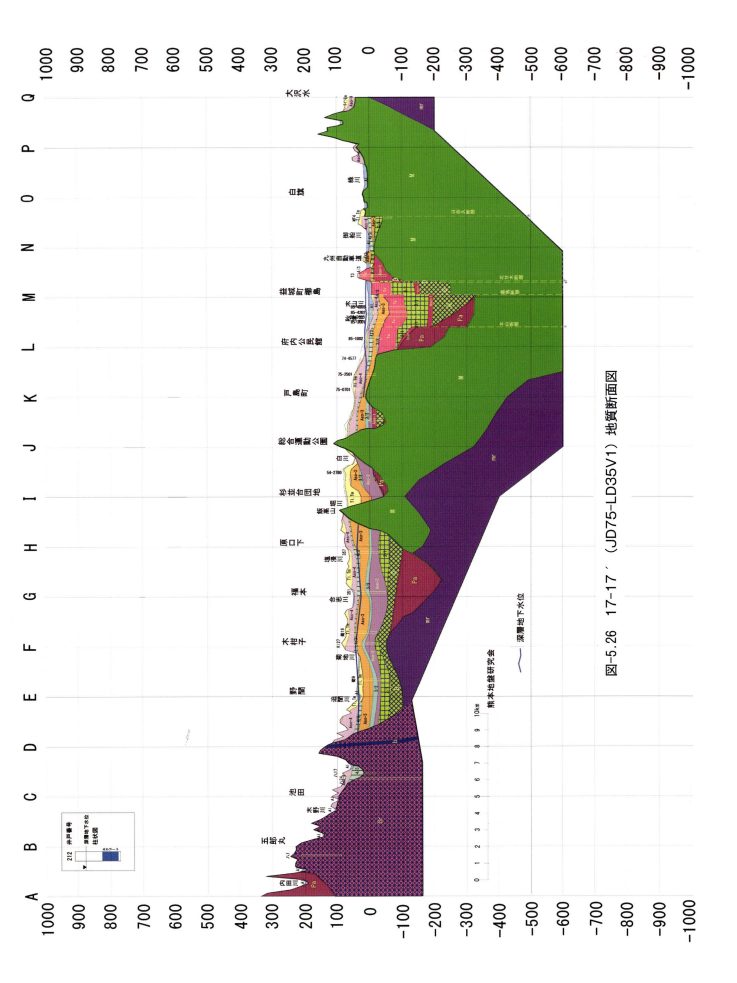

図-5.26 17-17' (JD75-LD35V1) 地質断面図

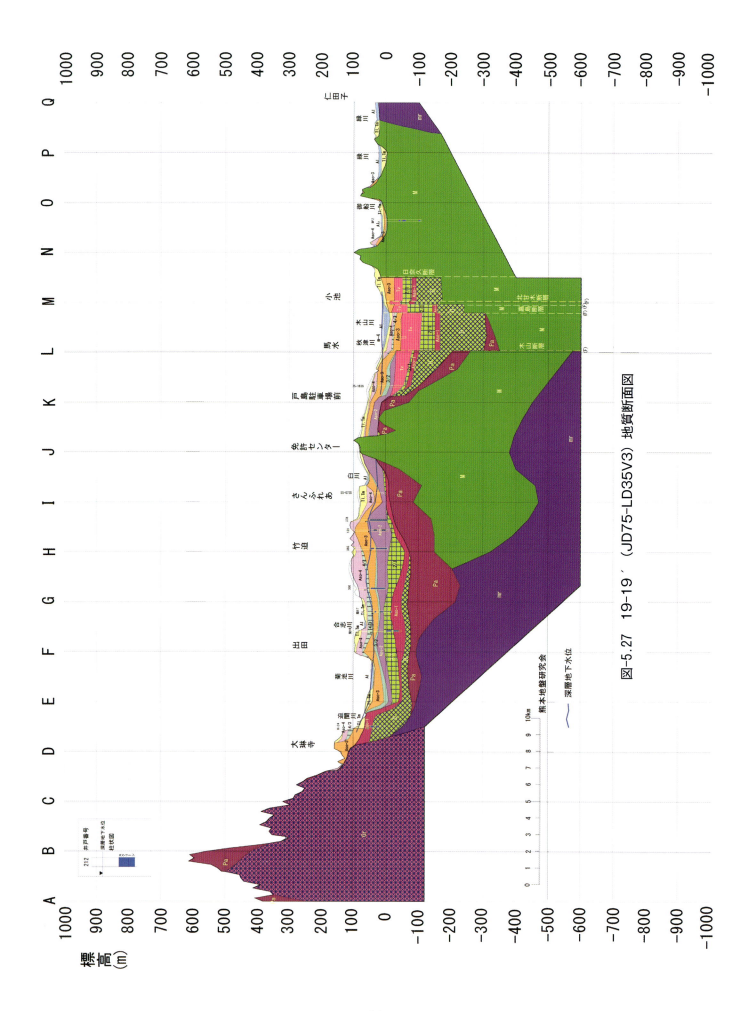

図-5.27 19-19' (JD75-LD35V3) 地質断面図

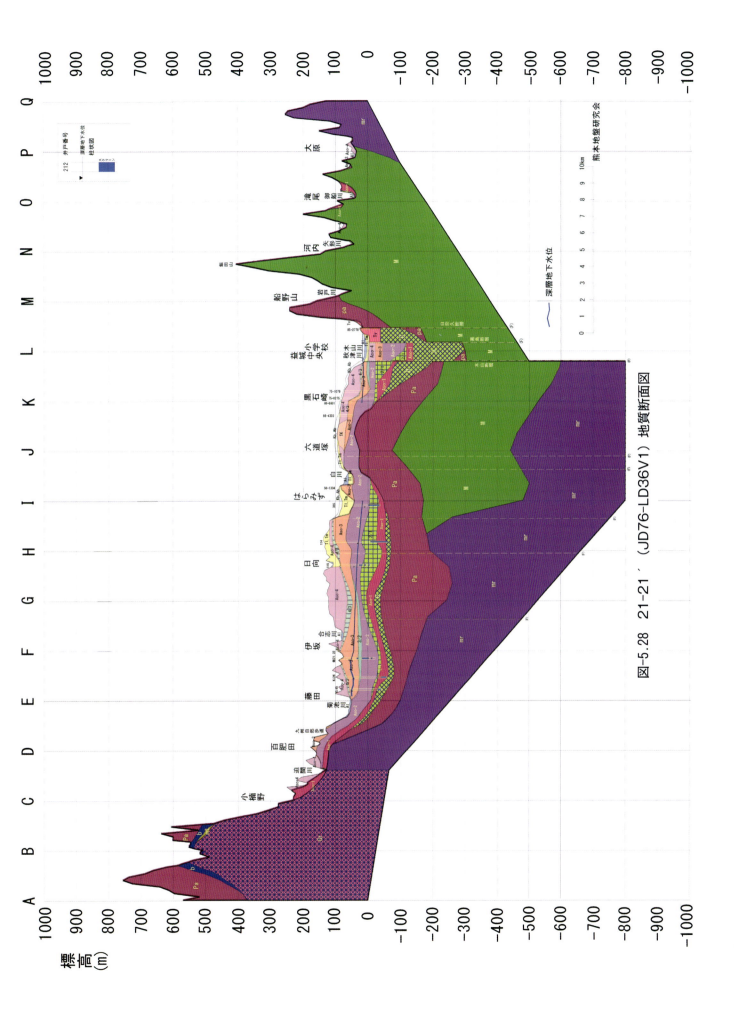

図-5.28 21-21' (JD76-LD36V1) 地質断面図

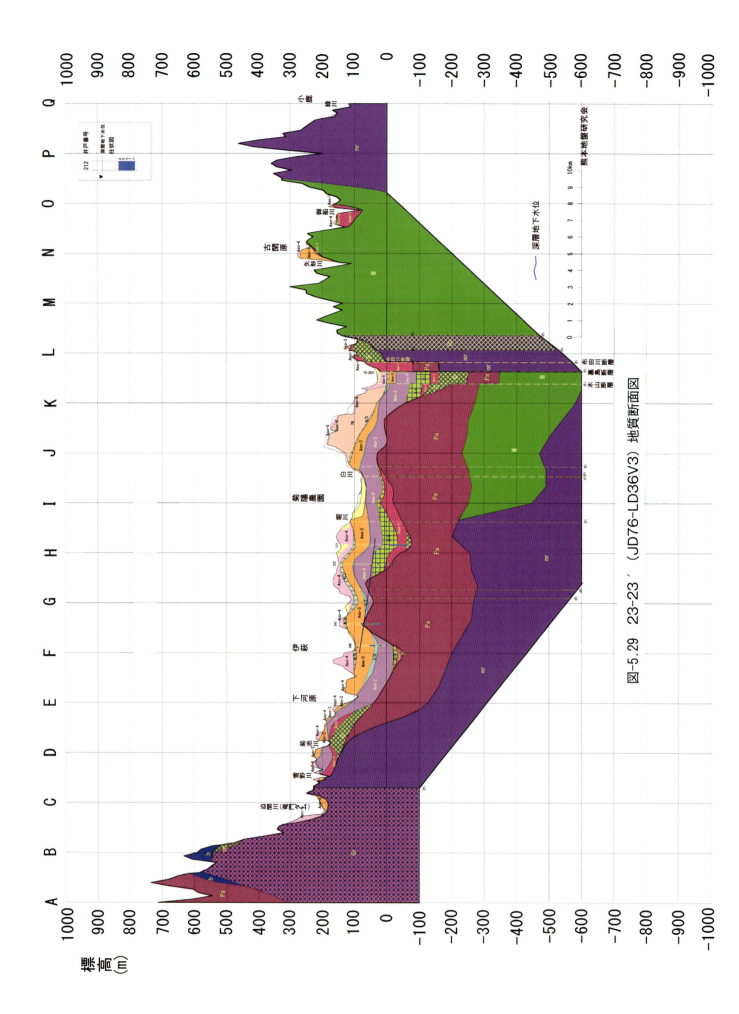

図-5.29 23-23' (JD76-LD36V3) 地質断面図

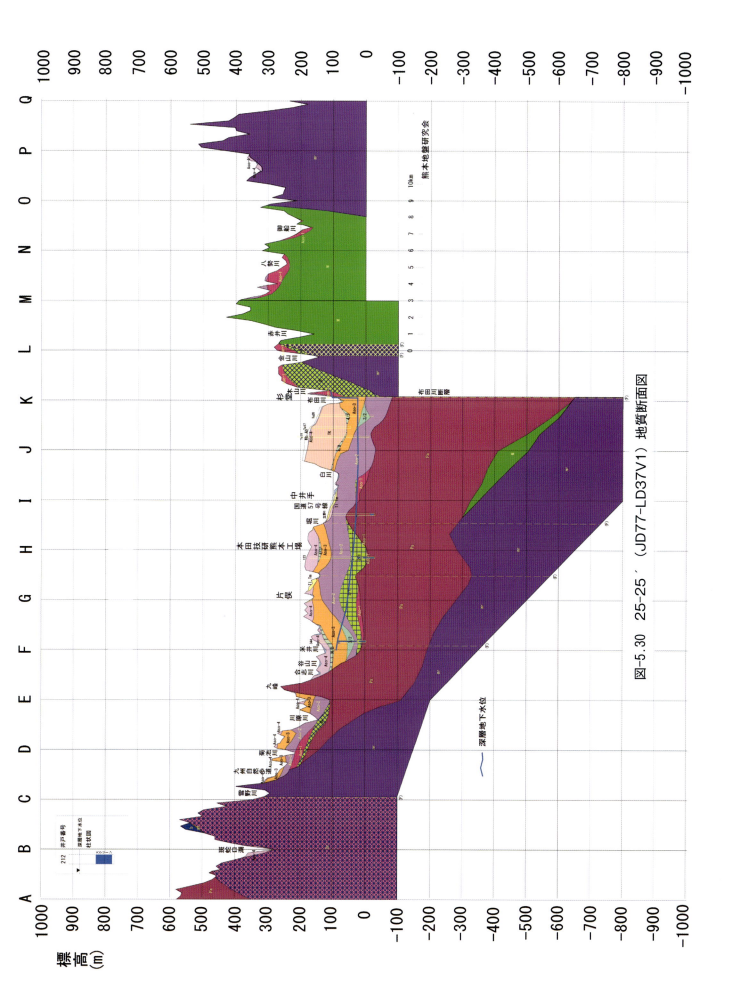

図-5.30 25-25' (JD77-LD37V1) 地質断面図

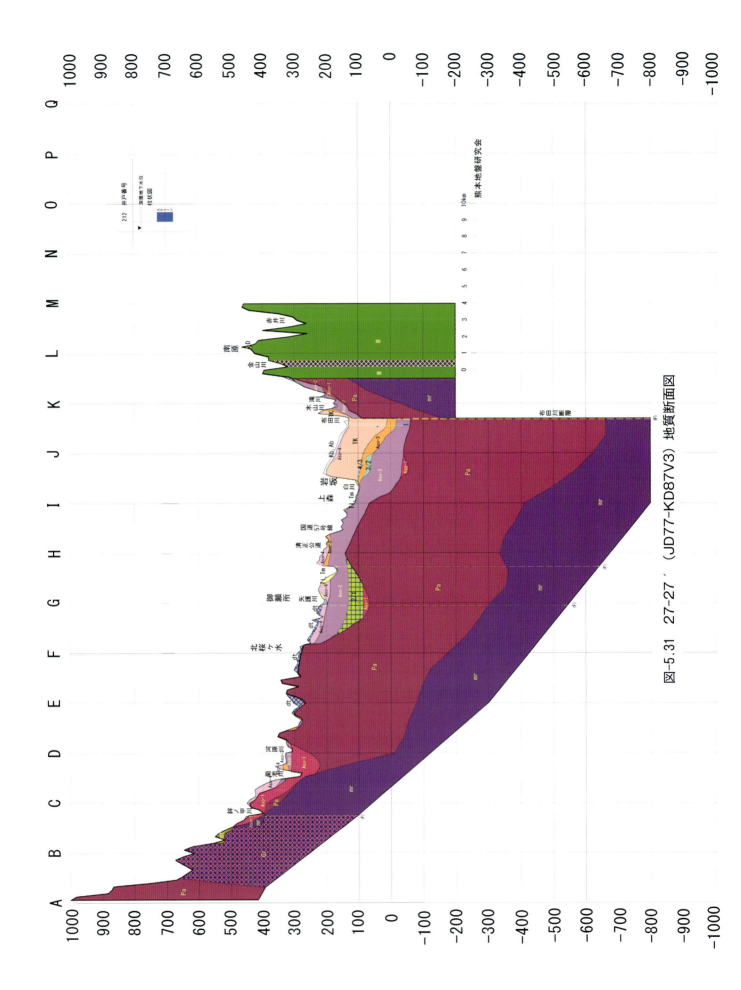

図-5.31 27-27'（JD77-KD87V3）地質断面図

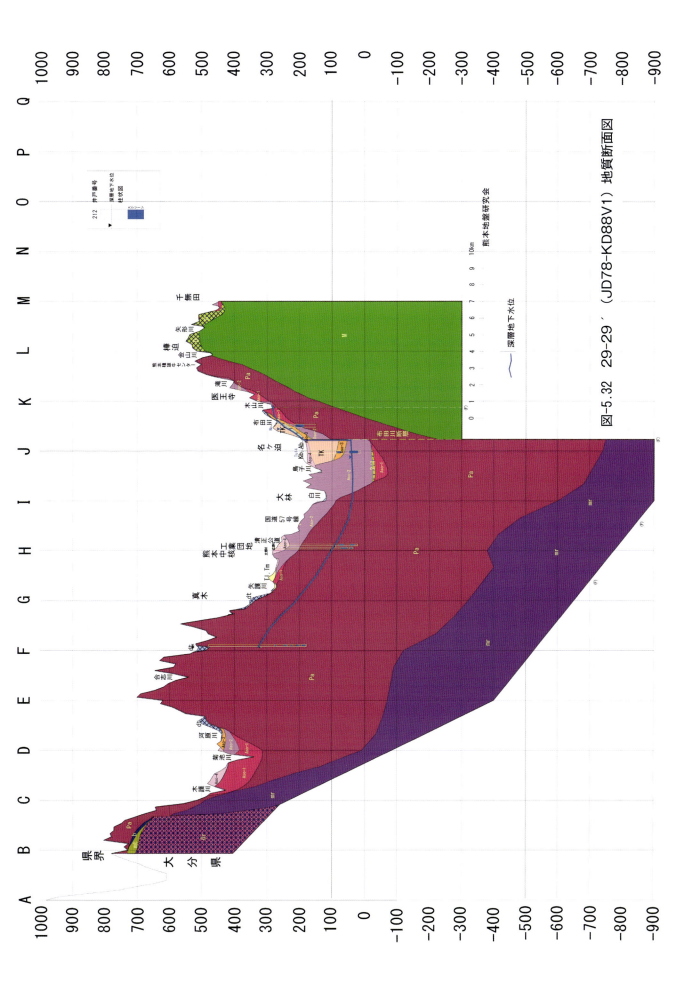

図-5.32 29-29' (JD78-KD88V1) 地質断面図

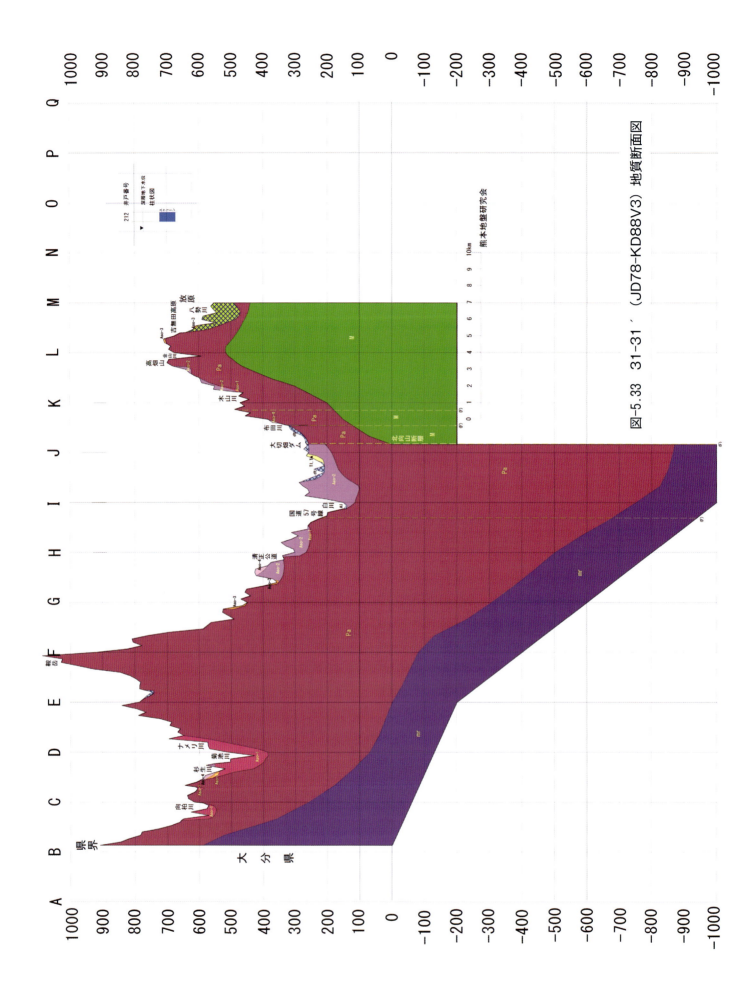

図-5.33 31-31' (JD78-KD88V3) 地質断面図

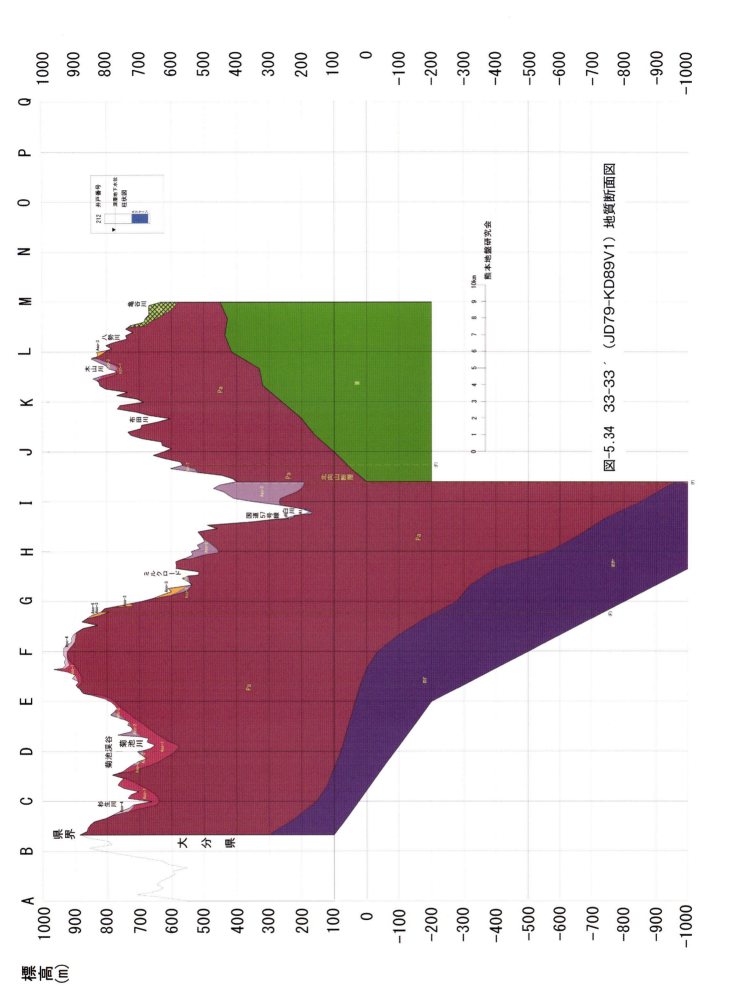

図-5.34 33-33' (JD79-KD89V1) 地質断面図

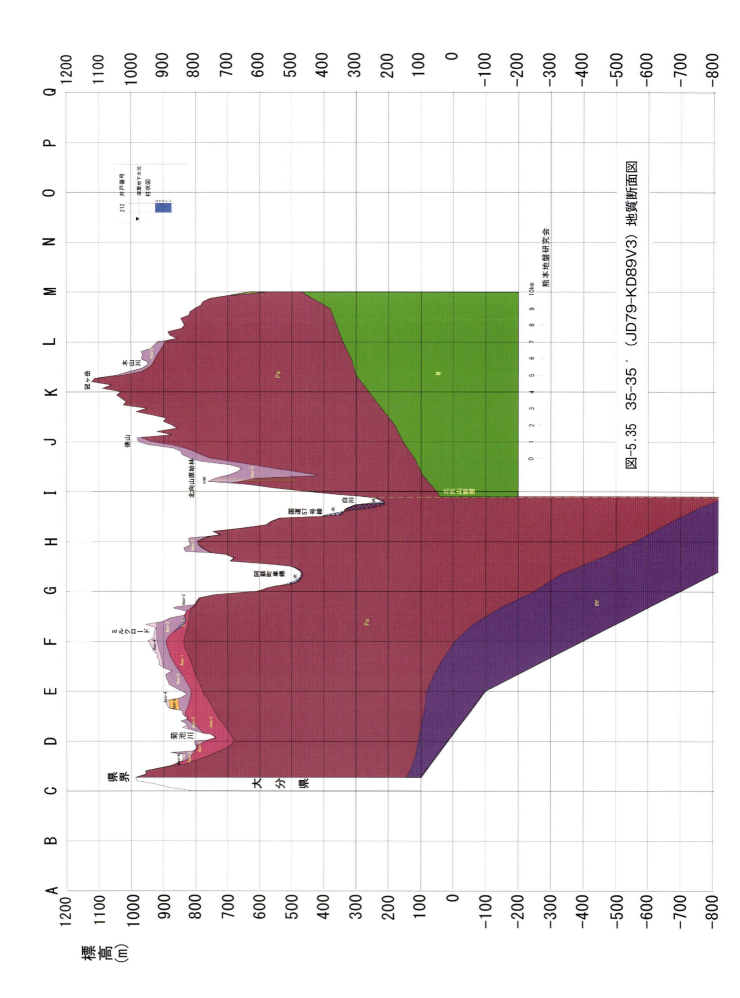

図-5.35 35-35' (JD79-KD89V3) 地質断面図

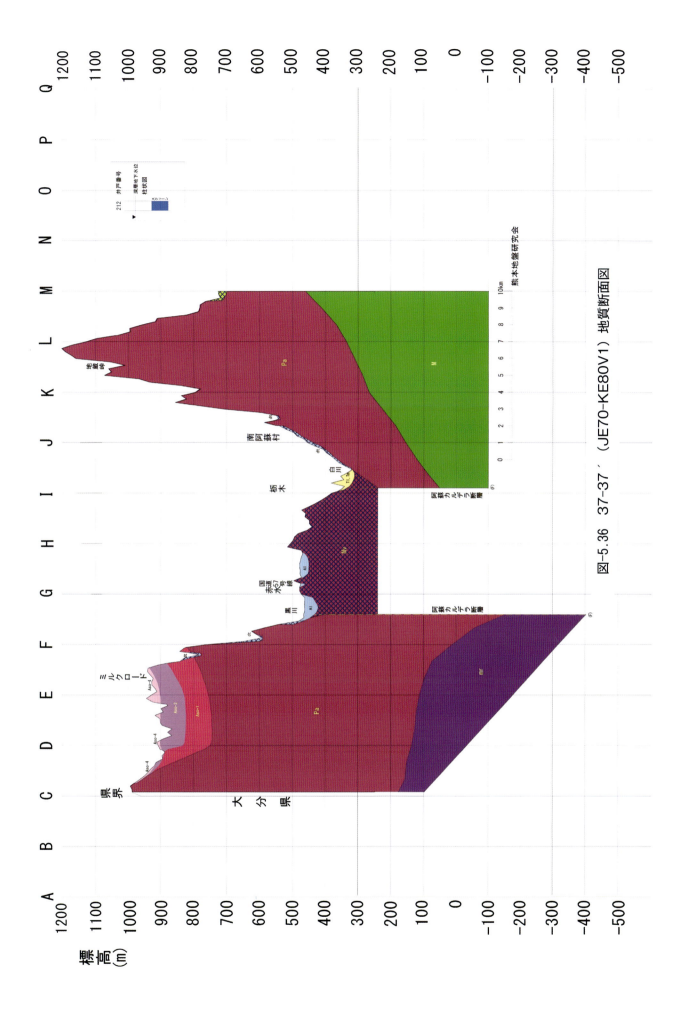

図-5.36 37-37′ (JE70-KE80V1) 地質断面図

## 6. 熊本の地盤から捉える熊本地震
### 6.1 熊本地震と活断層

平成28年4月14日と16日、熊本地方で地震（熊本地震）が起こり、益城町では震度7を2回経験する未曾有なものであった。熊本地震の概要は次の通りである（図-6.1）。

前震；発生日時；2016年4月14日午後9時26分　大きさ；マグニチュード6.5
　　　場　　所；北緯32度44.5分、東経130度48.5分、震源の深さ11km（気象庁）
本震；発生日時；2016年4月16日午前1時25分　大きさ；マグニチュード7.3　継続時間約20秒
　　　場　　所；北緯32度45.2分、東経130度45.7分、震源の深さ12km（気象庁）

それから8カ月を過ぎた平成28年12月16日現在の熊日新聞によると、この地震による死者は、関連死を含めると157名に及び、その後の余震回数は4191回（震度6；5回、震度5；17回、震度4；116回など）であった（平成30年10月23日現在、死者は関連死を含めて265名）。益城町では家屋損壊が多数発生し、その他インフラ設備の決壊によるライフラインが止まり、通常な生活ができない多大な損害を被った。

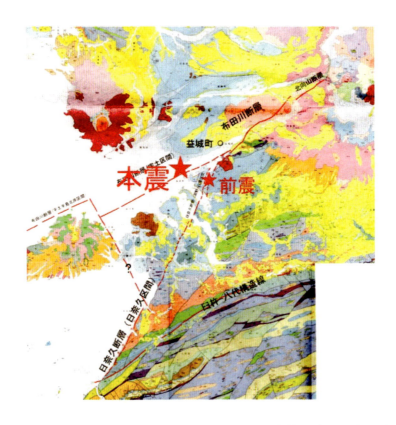

図-6.1　熊本地震の前震と本震の震央位置図（熊本県地質図（10万分の1）に加筆）

今回の地震は日奈久断層と布田川断層の2つの断層が接合している複雑な地下構造の場で発生している。4月14日、日奈久断層の位置にマグニチュード6.5の大きな地震が起こり、気象庁は、これを本震とみていたが、その後の16日に布田川断層の位置にさらに大きいマグニチュード7.3が起こったことで、14日のものを前震、16日を本震と言い換えた。今回の熊本地震は日本列島における直下型地震について新たな考え方を取り入れざるを得ないことを示した。その意味でも熊本地震の発生メカニズムの解

明は今後の地震予知などへの情報把握や対応にとって極めて重要である。熊本地震発生後、多くの調査研究が行なわれ、報告書（たとえば平成28年（2016年）熊本地震の関連情報（気象庁）[41]など）や学会発表会が行われ、行政機関や大学・民間会社による研究成果が見られた。日本学術会議主催公開シンポジューム「熊本地震・三ヶ月報告会」[42]は地震の発生状況や災害に関する理学・工学・情報・医療・看護などの研究者が一同に集まっての報告であった。論文には地質学をベースにした被害状況の解析（たとえば中澤ほか[43]）などがみられる。熊本地盤研究会としては、これまで熊本地域の地下地質の把握に努めてきたことでもあり、今回の熊本地震の地質学的背景について論述し、地震の発生形態の把握について考察する。

## 6.2 益城町を通る木山断層の発生要因とその動き

まず、2度の震度7による被害を被った益城地域の家屋被害に影響を与えたと考えられる木山断層の起因と実態について述べる。益城町は熊本市東方の郊外にあたり、地形的には熊本平野・台地の延長線上にある。この付近の低地は南落ちの木山断層と北落ちの布田川断層による木山－嘉島地溝帯[7]といわれている。地質構成については熊本市と大きな違いはないが木山－嘉島地溝帯の北端部に位置し、地域南部では地形が南に大きく落ち込む。この地形の変化を根拠に益城町の直下に断層が存在することは活断層研究会[44]が提示し、木山断層と称した。そのあと石坂[45]・渡辺[46]らが周辺のボーリング柱状図などを基にその存在を再確認した。

今回の熊本地震では木山断層の東側に明瞭な地表地震断層が認められ、西側でも木山断層の一部とみられる地割れや地表面の変位が観測された。木山断層の東部付近に出現した断層を図-6.2の地質図上に赤線で示す。これまでの研究では木山断層の東側は不明確で断層の位置の記載はなかったが、今回の地震により、堂園でも地表に断層が生じ、図-6.2に示されるように布田川断層に収斂する木山断層の実体が現れたと考えられる。

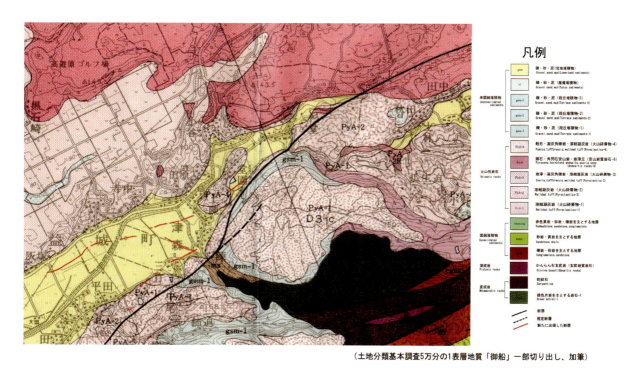

（土地分類基本調査5万分の1表層地質「御船」一部切り出し、加筆）

図-6.2　益城町堂園付近の地質図と活断層

今回の熊本地震では布田川断層そのものを示す明確な地表のずれは認められなかったが、その周辺の家屋の崩壊は激しかった。これに関して、アジア航測㈱が観測した赤色立体地図によりその地域の動きを表現することができ、断層の挙動の解明に新しい光が得られた。赤色立体地図とは航空レーザ計測データの特殊解析することにより作成されるもので、地表面上の森林や家屋などの地物を消去して地表面を読み取ることができ、さらに３Ｄ立体図形で表示できるものである。今回は地盤の水平変位分布のみの把握を試みた。解析には、アジア航測㈱の自主計測による本震前後（４月15日と４月23日）の航空レーザ計測の結果から作成した赤色立体地図を使用した。２つの時期の赤色立体地図を比較し、建物や耕作地などの明瞭に識別できる地物の外郭線をポリゴンとして描き、その重心位置の移動ベクトルを算出した[47]。この結果を図-6.3に示す。これまでの種々の報告や論文では、木山断層の発生要因については一切明らかにされていなかったが、今回の地震による活断層の出現及び図-6.3により、その要因が考察可能となった。地震による地盤の変動を赤色立体地図で詳細に調べることで、木山断層の動きが明らかになり、その動きの解析は木山断層の発生メカニズムを示唆するものと考える。

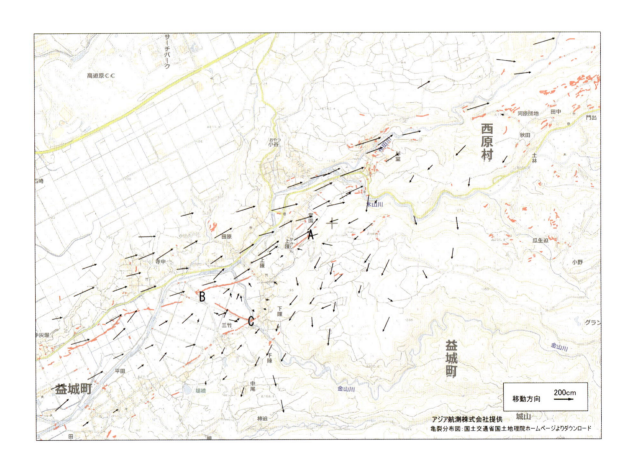

**図-6.3　益城町東部の地表面変位図**

　高遊原溶岩の噴出後の傾動運動[46]による断層線に沿って布田川が流れていることから、この断層を布田川断層と称している。布田川断層は地震による変動で水平移動と上下変位を繰り返して来たと考えられるが、すべて均一に動いたのではない。駒沢による阿蘇火山周辺の基盤等高線図[48]によると、堂園地区では基盤が断層部を遮るようにこぶ状の突起（北への膨らみ、図-6.11 参照）として分布してい

るのが認められる。このこぶ状の突起（北への膨らみ）は図-6.3によると今回の地震でも周りの動きに抵抗するかのような動きをしているとみられる。すなわち、図-6.3中に見られる木山断層と布田川断層の間で斜めにクロスした断層線（B-C）では、この断層の動きは左ずれを示していて（現地観測では20cmの左ずれが報告されている[49]）、この三角形（A-B-C）区域は木山断層や布田川断層の右ずれに抵抗するように、ほとんど動いていない受動領域（△ABC）（図-6.3）を形成しているとみられる。

益城町の中でも特に被害が大きい地域は、寺迫から西南西に走る県道28号線に沿って広がっている。木山断層の動きとしては断層面の北側と南側では移動方向（北東方向）は同じである（図-6.3）が、断層間のずれは40cm～80cmの報告がある[49]。断層面上に働くせん断力は一般には断層面を境にして逆方向に働くように描く（今回の熊本地震では、布田川断層での水平変動は断層面の北では北東方向に、南では南西方向に動き、両者の変動量は約２ｍ）[50]であるが、同じ方向に働くせん断力による変位量の違いでも破壊面が生じることもある。土の破壊に関する室内実験では逆方向のせん断力で破壊させる「一面せん断試験」と同じ方向に大きさの異なるせん断力を与えて破壊させる「純粋せん断試験」がある[51],[52]。「純粋せん断試験」による破壊形態はせん断面に幅広い破壊面を生じる傾向があるので、今回の地震では木山断層にこのような動きが生じたものと推定される。図-6.4に木山断層と布田川断層の破壊面形態の違いを示した。

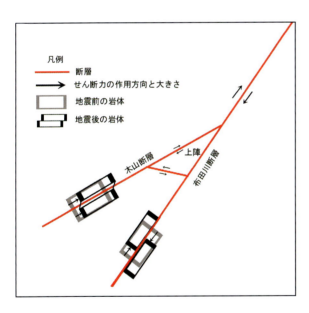

図-6.4　益城町付近の断層面破壊形態

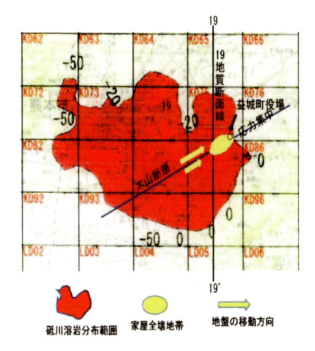

図-6.5　益城町下の砥川溶岩の分布と木山断層による破壊状況の模式図

益城町付近の地質をみると寺迫より西では砥川溶岩が分布している（図-6.5）が、東では砥川溶岩の分布が見られない。すなわち、西では砥川溶岩で硬く、それに比べて東は沖積層で柔らかい。柔らかな地層が厚く分布している東ではせん断力に容易に亀裂が生じたのに対し、西では固結度の高い砥川溶岩が分布する寺迫付近で応力集中が起こり[53]、岩石の亀裂や激しい振動が起こったことが考えられる。図-6.5に益城町下の砥川溶岩の分布と木山断層の模式図を示した。

## 6.3 熊本地震で出現した地表地震断層と地質構造

国土地理院は熊本地震で出現した活断層をWeb上で公開している[54]。この活断層を熊本－阿蘇基盤図（後述）上にプロットしたのが図-6.6である。

この図によると図面の右上（北東）から左下（南西）に続く大分－熊本構造線にそって阿蘇カルデラの西南方の西原村から益城町、嘉島町北甘木、さらに南の御船町にかけて活断層が見られる。これらの一連の断層帯は布田川－日奈久断層帯と称されている。これらの多くは従来の地質調査で存在が予測されている場所で、今回の地震で断層の存在が明確になった個所である。しかし大きな被害が出た益城町の下を通る木山断層の西側の断層は大きく北側に湾曲した形状をしている。今までにこの断層の存在は示されておらず、新しい見解である。そこでこの断層の発生要因を地層の分布状況と照らし合わせてみると、この新しい見解である断層は砥川溶岩の分布の形状に対応している。図-6.7に砥川溶岩の上面標高図と木山断層およびその延長の湾曲した断層を図示した。

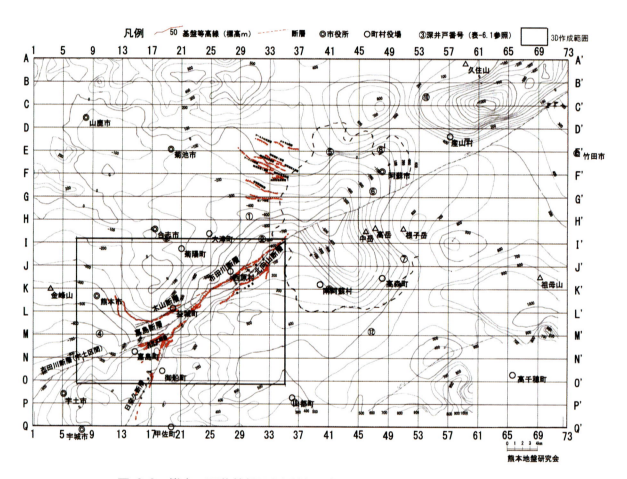

図-6.6　熊本－阿蘇基盤図と活断層（活断層は国土地理院による）

益城町は図-6.6のL断面線と21断面線との交点付近であり、木山断層と布田川断層に挟まれて木山－嘉島地溝帯の北側にある。益城町南の砥川溶岩の上面標高は -50m、砥川溶岩の標高が高い京塚付近では標高0m程度であるから、その差は50m程度ある。砥川溶岩は益城町の南にある赤井火山の噴出物と考えられており、噴出当時の溶岩上面標高に大きな差はなかったと推定されるので、この落差は布田川－日奈久断層帯の活動によって生じたものと考えられる。当然ながらこの断層（傾動）を起こした力は

南西-北東方向に働くせん断力であるが、この力で湾曲する断層は生じない。南西-北東に働くせん断力と同時に南東-北西方向の力が働けば湾曲の断層が生じる可能性がある。また国土地理院の報告では南西-北東方向の地表面移動は見られないとなっている。そうだとすると、この湾曲した断層は前述したように砥川溶岩の上面標高形態に対応していることから、砥川溶岩の移動によって生じた地表面の亀裂と考えられる。

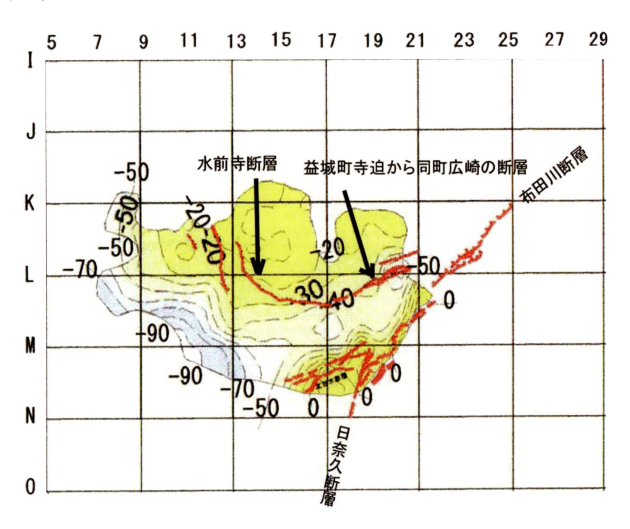

図-6.7　砥川溶岩の上面標高と活断層（活断層は国土地理院による）

図-6.6では阿蘇西外輪山の北部に北西-南東方向の多数の断層が表示されている。これらは地質調査所発行の阿蘇火山地質図[18]には示されておらず、新たな断層が多数知られることになった。この断層群はその方向から布田川断層の共役断層にあたるものと考えられる。

## 6.4　熊本地域および阿蘇地域の基盤岩類の分布

熊本地域の地質は表-6.1のように整理される。熊本地盤研究会では、地質構成のうち、水理地質に視点をおいて整理した先阿蘇火山岩類以前の地層群、すなわち変成岩類（変はんれい岩を含む）、花崗岩類、中生層（M）（御船層群、熊本層群）、古第三紀の鉾ノ甲層、新第三紀～第四紀更新世の星原層、星原層相良部層を一括して「基盤岩類」として取り扱っている。

表-6.1　熊本地域の層序

| 地質時代 | | | 地層名 | 水理地質区分 | 備考 |
|---|---|---|---|---|---|
| 第四紀 | 完新世 | | 沖積層　　黒ボク＜アカホヤ火山灰層 | 第一帯水層 | 阿蘇中央火口丘群の活動 |
| | 更新世 | 後期 | 赤ボク　＜姶良 AT 火山灰層 | | |
| | | | 保田窪砂礫層　託麻砂礫層 | | |
| | | | 阿蘇-4 火砕流堆積物　　＜高遊原溶岩（大峰火山） | | |
| | | 中期 | 阿蘇 4/3 間堆積物 ------------- | 第二帯水層 | 金峰火山 ◀ 新期噴出物 |
| | | | 阿蘇 3 火砕流堆積物 | | |
| | | | 阿蘇 3/2 間堆積物 | | |
| | | | 阿蘇-2 火砕流堆積物　　＜砥川溶岩（赤井火山） | | |
| | | | 阿蘇 2/1 間堆積物 | | |
| | | | 阿蘇-1 火砕流堆積物 | | |
| | | | 益城層群（津森層・下陣礫層・芳野層　水前寺層・合志層など） | | |
| | | 前期 ⌇ | 先阿蘇火山岩類・金峰火山古期岩類* | ＊（第三帯水層） | |
| 新第三紀鮮新世 | | | 星原層・相良部層 | | |
| 古第三紀 | | | 鉾ノ甲層 | 水理地質基盤 | |
| 白亜紀 ⌇ | | | 熊本層群・雁回山層　御船層群 | | |
| | | | 変成岩類・花こう岩類 | | |

　熊本地域における基盤岩類表面の形状をボーリング資料に基づいて求めた（図-6.8、図-6.9）。また阿蘇地域では深層ボーリング資料（表-6.2）に加えて重力異常データから解析された重力基盤上面（駒澤[52]）に基づいて基盤となる面を求めた（図-6.6 熊本－阿蘇基盤図）。重力異常データは地下地質の性状（密度分布）を表すものと理解され、筆者らの基盤岩類の分布状況を間接的に示していると考えられる。すなわち、基盤岩類標高図にブーゲ異常図[48]を重ねてみると立野より南西方向の断層線と負の重力異常の領域境界は一致し、また、立野東方のカルデラ内は重力解析による基盤図とボーリングで認められた基盤岩類の標高は概ね調和的である。例えば立野より南西部で、断層北側の基盤岩類標高が大きく沈下している区域がブーゲ異常図における負の重力異常領域と一致しており、また、立野付近から北西方向の大津－泗水－七城－山鹿に延びる基盤の谷部がブーゲ異常図において負の重力異常領域になっているのは、これらの部分が、低密度層によりなること、すなわち地質的には先阿蘇火山岩類と阿蘇火砕流堆積物や湖成堆積物などで厚く埋められたところであることと一致している。

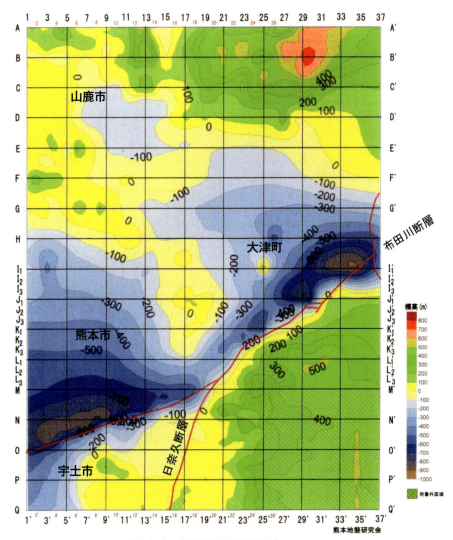

図-6.8 基盤岩の平面分布

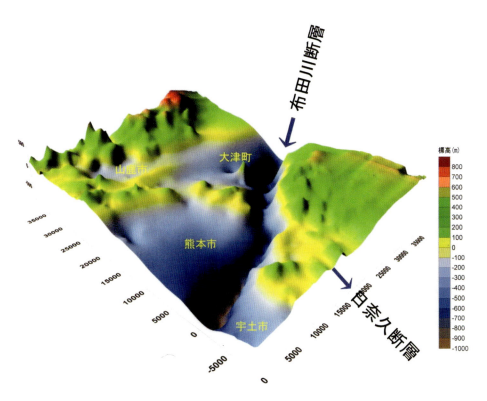

図-6.9 基盤の鳥瞰図

表-6.2 深層ボーリング一覧

| 備考 | 2万5千分の1地図 | 基盤岩の地質（記号） | 座標（※1） | | 地表の標高（m） | 基盤岩上面の標高（m） | 備考 |
|---|---|---|---|---|---|---|---|
| ① | 立野 | 変成岩類（mr） | 30+0.85 | G+2.70 | 300 | -464 | 堀ヶ谷 |
| ② | 同上 | 変成岩類（mr） | 32+0.10 | H+2.45 | 170 | -850 | 大津内牧 |
| ③ | 肥後大津 | 中生層（M） | 19+0.25 | H+2.75 | 80 | -84 | 堀川 |
| ④ | 宇土 | 中生層（M） | 10+0.35 | M+0.05 | 5 | -655 | 和楽温泉センター |
| ⑤ | 坊中 | 花崗岩類（Gr） | 41+0.1 | E+0.2 | 476 | 276 | 内牧温泉 |
| ⑥ | 同上 | 花崗岩類（Gr） | 47+0.4 | F+2.15 | 555 | -155 | 一宮町アゼリア |
| ⑦ | 根子岳 | 花崗岩類（Gr） | 51+0.3 | I+2.55 | 650 | 450 | 高森町温泉館 |
| ⑧ | 坊中 | 花崗岩類（Gr） | 48+0.05 | E+0.2 | 491 | 9 | 手野試錐5 |
| ⑨ | 肥後吉田 | 中生層（M） | 41+0.0 | K+0.4 | 500 | 258 | グリーンピア |
| ⑩ | 久住山 | 花崗岩類（Gr） | 54+0.06 | B+1.88 | 720 | -10 | 花の温泉館 |
| ⑪ | 浜町 | 中生層（M） | 36+0.5 | O+2.80 | 485 | 346 | 通潤荘 |
| ⑫ | 肥後吉田 | 中生層（M） | 46+0.76 | L+2.53 | 752 | 595＞ | 朝日地区 |

※1：座標は国土地理院2万5千分の1地形図を用いて、北緯33°00′、東経131°00′を原点に東西方向に
　　1km間隔、南北方向に3kmの測線を入れ、原点を（37+0.00 D+0.00）とし、東に37～62まで、南に
　　A～Qまで番号記号を付して作成したものである。各座標地点の地質は『熊本県地質図』（2008年）、『九
　　州土木地質図』（1986年）により判読。
　　①～③は古川ほか『阿蘇西麓台地の光と影』（2000年）、④は独自入手データ、⑤⑥⑦は田中伸広『阿蘇
　　山と地下水（阿蘇一の宮町誌 p.138）』（2000年）、⑧は斉藤林次『阿蘇火山の形成』（1984年）、『SG技報
　　3号 熊本県内地質論文集（p.136～171）』、⑨は渡辺一徳『阿蘇火山の生い立ち（平成6年度熊本大学
　　放送公開講座 p.1～27）』（1994年）、⑩⑪⑫は千代田工業㈱の提供による。なお、⑤～⑫は地質断面図作
　　成区域外の阿蘇地域にある。


　阿蘇五岳の火山群を囲む阿蘇カルデラでは外輪山の山麓斜面が広がる。北外輪山、東外輪山及び南外
輪山の山麓には、熊本地域東部区域にあたる西外輪山山麓と同様に先阿蘇火山岩類と阿蘇火砕流堆積物
に厚く覆われるものの、基盤岩類が点々と地窓状に露出する。阿蘇カルデラ域における基盤岩類の分布
を追跡するため、カルデラの内外で得られた深層ボーリング記録（表-6.2）に加えて外輪山麓に点在す
る基盤岩類の露頭の位置および標高を求めた（表-6.3）。これらに基づき、熊本地域の断面図（東西断
面A～Q，南北断面1～37）に加え、阿蘇地区の阿蘇カルデラ東部まで熊本-阿蘇基盤図を作成した（図
-6.6）。


表-6.3 基盤岩露頭の標高

| 2万5千分の1地形図 | 基盤岩野地質（記号）（※2） | 座標 | | 標高（m） | 備考 |
|---|---|---|---|---|---|
| 万願寺 | 花崗岩類（Gr） | 48+0.1 | C+0.3 | 841 | 合戦群付近 |
| 坂梨 | 花崗岩類（Gr） | 58+0.75 | E+2.4 | 716 | 小園付近 |
| 桜町 | 花崗岩類（Gr） | 72+0.0 | D+0.0 | 320 | |
| 豊後柏原 | 中生層（M） | 68+0.45 | H+1.4 | 579 | |

| | | | | | |
|---|---|---|---|---|---|
| 同上 | 中生層（M） | 68+0.3 | H+1.95 | 640 | |
| 同上 | 中生層（M） | 71+0.7 | G+1.85 | 490 | |
| 同上 | 中生層（M） | 71+0.75 | G+0.75 | 413 | |
| 高森 | 中生層（M） | 52+0.5 | L+2.4 | 650 | 目細付近 |
| 同上 | 中生層（M） | 52+0.65 | L+0.48 | 680 | 旅草卑近 |
| 同上 | 中生層（M） | 75+0.6 | K+1.05 | 814 | 草部付近 |
| 祖母山 | 中生層（M） | 60+0.45 | M+0.6 | 617 | |
| 同上 | 中生層（M） | 61+0.53 | L+1.34 | 536 | |
| 同上 | 中生層（M） | 62+0.43 | L+1.20 | 671 | |
| 同上 | 中生層（M） | 62+0.4 | L+2.40 | 629 | |
| 同上 | 中生層（M） | 64+0.32 | L+1.10 | 970 | |
| 同上 | 中生層（M） | 64+0.36 | L+2.50 | 638 | |
| 同上 | 中生層（M） | 65+0.87 | M；0.22 | 641 | |
| 同上 | 中生層（M） | 67+0.0 | L+1.35 | 1035.4 | |
| 同上 | 中生層（M） | 67+0.53 | M+0.2 | 832 | |
| 同上 | 中生層（M） | 68+0.9 | L+1.98 | 1030 | |
| 同上 | 中生層（M） | 69+0.13 | M+0.40 | 754 | |
| 同上 | 中生層（M） | 69+0.72 | L+1.38 | 882 | |
| 同上 | 中生層（M） | 70+0.90 | L+0.36 | 935 | |
| 同上 | 中生層（M） | 70+0.54 | L+2.06 | 454 | |
| 同上 | 中生層（M） | 71+0.87 | L+0.0 | 1014 | |
| 同上 | 中生層（M） | 71+0.65 | L+1.16 | 944.0 | |
| 同上 | 中生層（M） | 71+0.85 | L+2.15 | 863 | |
| 同上 | 中生層（M） | 71+0.38 | M+0.48 | 793.1 | |
| 浜町 | 中生層（M） | 33+0.40 | N+0.13 | 500 | 鹿小野付近 |
| 同上 | 中生層（M） | 34+0.10 | N+1.70 | 550 | 尾崎付近 |
| 大平 | 中生層（M） | 40+0.05 | O+1.82 | 632.5 | |
| 同上 | 中生層（M） | 42+0.70 | P+0.42 | 605.7 | |
| 同上 | 中生層（M） | 45+0.70 | N+0.64 | 620 | |
| 同上 | 中生層（M） | 45+0.30 | O+2.12 | 495 | 米生 |
| 馬見原 | 中生層（M） | 49+0.73 | P+0.57 | 728 | |
| 同上 | 中生層（M） | 50+0.56 | P+0.07 | 496 | |
| 同上 | 中生層（M） | 53+0.33 | O+2.63 | 666.2 | |
| 同上 | 中生層（M） | 53+0.63 | P+0.39 | 916.3 | 鏡山 |
| 同上 | 中生層（M） | 55+0.48 | O+2.50 | 732 | |
| 同上 | 中生層（M） | 55+0.70 | O+1.48 | 467.6 | |
| 同上 | 中生層（M） | 55+0.45 | O+2.75 | 572 | |

| | | | | | |
|---|---|---|---|---|---|
| 同上 | 中生層（M） | 55+0.12 | P+0.78 | 614 | |
| 同上 | 中生層（M） | 56+0.33 | N+2.75 | 790 | |
| 同上 | 中生層（M） | 56+0.93 | O+1.37 | 830 | |
| 同上 | 中生層（M） | 56+0.60 | O+2.24 | 631 | |
| 同上 | 中生層（M） | 57+0.00 | N+0.35 | 300 | 五ヶ瀬川ダムサイト |
| 同上 | 中生層（M） | 57+0.40 | N+1.86 | 736 | |
| 同上 | 中生層（M） | 57+0.73 | P+0.03 | 792 | |
| 同上 | 中生層（M） | 58+0.20 | O+0.00 | 982.2 | |
| 同上 | 中生層（M） | 58+0.60 | N+0.93 | 728 | |
| 同上 | 中生層（M） | 58+0.06 | O+2.52 | 911 | |
| 同上 | 中生層（M） | 58+0.53 | O+1.86 | 903 | |
| 同上 | 中生層（M） | 59+0.14 | N+2.72 | 876 | |
| 同上 | 中生層（M） | 59+0.43 | O+1.50 | 584 | |
| 同上 | 中生層（M） | 59+0.38 | P+0.13 | 826 | |
| 同上 | 中生層（M） | 59+0.75 | P+0.57 | 1032 | |
| 同上 | 中生層（M） | 60+0.00 | N+1.22 | 661 | |
| 同上 | 中生層（M） | 60+0.12 | O+0.45 | 494 | |
| 同上 | 中生層（M） | 60;0.35 | O+2.12 | 651 | |

※2；各地点の地質は熊本県地質図（2008）と九州地方土木地質図（1986）により判読。

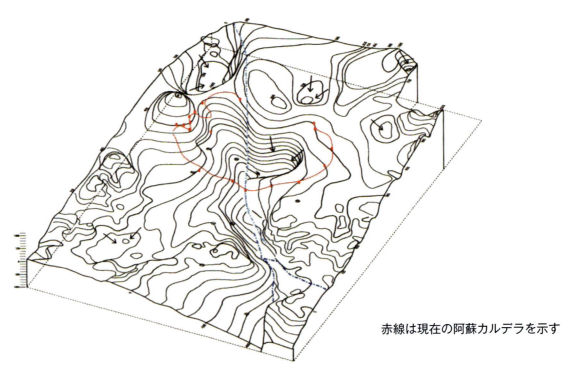

赤線は現在の阿蘇カルデラを示す

図-6.10　熊本地域の基盤岩類標高図（図-6.6を基に作成）

熊本地盤研究会

この地域の地質の不連続性は、布田川断層～北向山断層線に沿う先阿蘇火山岩類や阿蘇火砕流堆積物の変位に現れていることがこれまでにも明らかになっていたが、この不連続線（断層）に沿って基盤岩類が大きく変位していることが明らかになった。この不連続線（断層）は布田川断層の南西延長上（宇土市走潟方面）から北向山断層北東延長（小池野方面）に及び長さ70km以上に達する。この長大な不連続線（断層）は大分－熊本構造線（OKTL）[54]の一部であると考えられる。図-6.8および図-6.9によると布田川断層は宇土市から立野まで深く落差のある地形として示されており、宇土付近と大津町の南東付近で特に深い基盤の低下（約1000m）がみられる。なお、図-6.8、図-6.9及び図-6.11を見る限り、日奈久断層による落差と水平移動量は布田川断層に比べて顕著ではない。

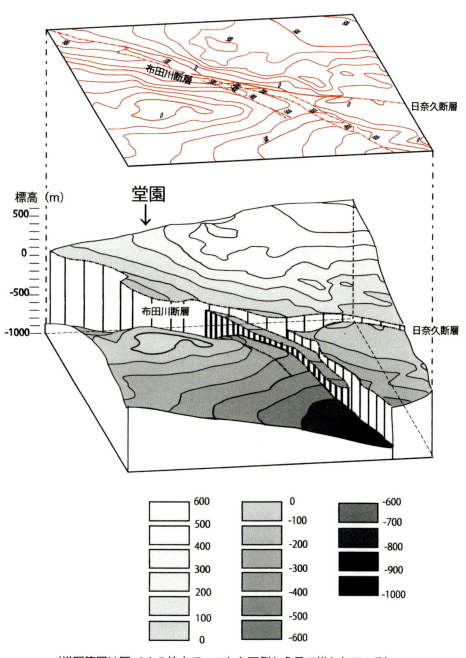

（描写範囲は図-6.6の枠内で、これを西側から見て描かれている）

図-6.11　基盤岩の平面分布・基盤の鳥瞰図

## 6.5 熊本地震から見えること

　熊本地震は、当初本震とされていた M6.5 の地震の発生からほぼ1日後に、それより大きい M7.3 の地震が起こったことから、当初の本震は前震と呼ばれるようになり、日本では、前もって相当大きな前震を伴う本震が起こり得るという、新たな認識を与えた。今後日本で起こる地震に対して、このような認識が必要になったということであり、熊本地震は大きな警鐘をもたらすものとなった。

　ところで、熊本地盤研究会では、長年熊本地域におけるボーリングコア資料の収集に努め、地層の確実な識別に基づいて地質断面図を描き、熊本地域地下地質を解析してきた。その結果に基づいて今回の熊本地震の実態を解析し、その要因となる発生形態の解明に一つの視点を示した。

　熊本地震の原動力はフィリピン海プレートの沈み込みによる力と考えられ、近年に西南日本および台湾で起こった地震の発生については、フィリピン海プレートの動き（図-6.12）[55] に起因するとみられる。このフィリピン海プレートの動きは、熊本付近では地盤を西方向へ移動させる力になっている。この力は日奈久断層で抑えられていたが、断層面上のせん断抵抗力の限界を超えて断層面の破壊が起こり前震を発生させた。その後その付近の応力のバランスが崩れ布田川断層が動き出して本震が生じたものと推定され、熊本地震は日奈久断層と布田川断層の相互作用によって発生したものといえる。

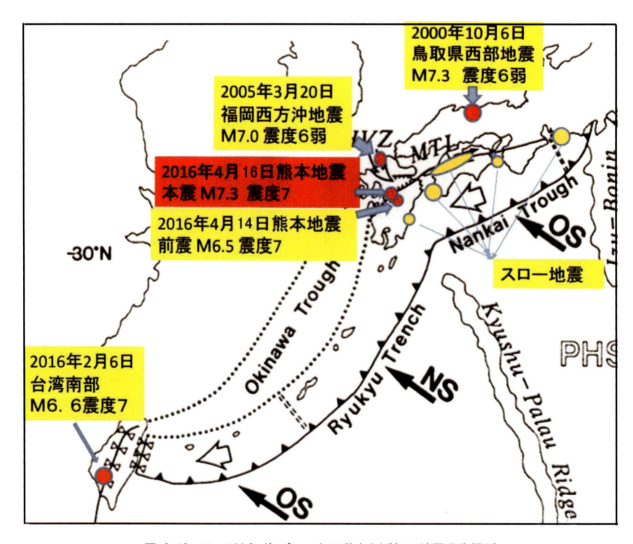

図-6.12　フィリピン海プレートの動きと近年の地震発生場所
図は鎌田・小玉（1993）の一部に加筆

今回の熊本地震の発生は、本論で示された基盤岩類分布標高のズレによって認識される日奈久断層、布田川断層によるものと確信される。震源が深さ約10kmであることを考えると、地震はこれらの基盤岩類のズレによるものであって、地表面に現れる傾動運動や地表地震断層として観察される現象は、これらの基盤岩類のズレがその上にある沖積層などの軟弱な地盤に伝わって起こる現象であると考えられる。すなわち、フィリピン海プレートの動きによる地震をもたらす基盤岩類のズレは、その上を覆う軟弱層に見られるような断層帯として、ある範囲の破壊面を生じることを示していると考えられる。

　熊本地震が発生した後、これまでに多くの調査結果および解析が行われてきているが、本論は地質および地質構造の面からの一石を投じるものである。なお、今回の熊本地震発生メカニズムの詳細については改めて解析するものとし、また、ここで述べた地質と地震による被災状況との関わりについては稿を改めて論述する予定である。

# あとがき

　以下に関連冊子出版時の"あとがき"の要旨を再録し、最後に今回の出版にあたっての"あとがき"を収録いたします。

## 『熊本周辺の地質断面図』より

　この地質断面図の作成に至るまでの25年間に、多くのボーリングデータをご提供いただきました熊本県・市町村・運輸省・建設省（現在の国土交通省）など公官庁の方々、協力していただきました地質調査の各会社および熊本県地質調査業協会に厚くお礼申し上げます。

　また、データ解析などに協力してくれた九州東海大学工学部土木工学科　都市工学科の中山・荒牧研究室の皆さまにお礼申し上げます。

　今後この地質断面図の精度向上のためには、さらに多くのボーリングデータ集積と、これを同一レベルの視点で解析した情報の創作をする必要があります。そこには多くの人の知識と労力と時間が必要であるが、小生らの年齢を考えるとその時間は、それほど残されてはいません。

　そこで、この後を引き継いでいってくれる人々の参加と、努力を希望しております。そして、熊本平野の地下水保全や、災害防止への行動を進めてゆきたいと願っております。

　　2010年3月

熊本地盤研究会　代表者　中山　洋

古澤　二、荒牧昭二郎

## 『熊本地域の地質断面図』より

　中山が九州東海大学工学部土木工学科在籍中から、この地盤情報データベース化の作業に取り掛かって以来29年間の長きにわたり、ボーリングデータを提供していただいた諸官庁の方々や、熊本県地質調査業協会の方々に厚く御礼申し上げます。

　なお九州東海大学の方々にも多大なご支援をいただきました。特に初期（1990年頃）の中山研究室では研究生の皆さんに、パソコン上で各種作業を行うためベーシックでプログラミングをするのに大変な苦労をかけました。また'94年には、熊本市内の一部を1平方kmごとのブロックにした石膏製地層モデルの製作にかかりましたが、これも大変な作業になりました。'98年3月に中山の退職後は'99年より荒牧研究室でこのデータベースは可動状態となり、'05年5月にデータベースは新しいプログラムと入れ替えました。

　その後'08年8月より大学において、荒牧・古澤・中山3人での作業が毎週木曜日に始まりました。その間'09年3月に荒牧先生の退職もありましたが、大学のご好意で研究室も使用させていただき、'10年9月に前回の『熊本周辺の地質断面図』の完成を見ることができました。その後も毎週の作業は継続し、今回の熊本平野をほぼ全面カバーする1584平方kmの地域において東西・南北両断面をメッシュ状に表現した地質断面図を作成しました。その地質断面線の総延長は1805km（熊本－東京－札幌間）に及ぶものになっています。今この断面図から地下水100％を謳う熊本市の水道水源がどのような状況で流れ、どこに溜まるのかを知ることに向けての作業にも既に取り掛かっています。

　今後この地質断面図の精度向上のためにはさらに多くのボーリングデータの集積と、これを同一レベルの視点で解析した情報の創作をする必要があります。そこには多くの知識と労力と時間が必要ですが、

小生らの年齢を考えるとその時間はそれほど残されてはいません。

　そこでこの作業を引き継いでいってくれる人々の参加と努力を希望しております。そして熊本の大地の地下水保全や災害防止への行動を進めてゆきたいと願っております。

　最後になりましたが、今までの長い間に多くの方々から御協力と御援助を賜りました。心から御礼申し上げます。ありがとうございました。小生らの作業はこれからも続けますので、今後も宜しくお願い申し上げます。

　今回の出版に当たりましては図面も大きくなり枚数も多くその出版費用も多額を要しますので、とても小生らの力では及びませんところを、公益財団法人「くまもと地下水財団」の御援助で出版していただくことができました。心より御礼申し上げます。

　2014年1月

熊本地盤研究会　代表者　中山　洋

古澤　二、荒牧昭二郎

# 本書　あとがき

　現在の熊本地盤研究会も振り返ると長い経過を経てきましたが、やればやるほどに内容も濃くなり、今回の『熊本地域の地質断面図　－地下地質と熊本地震－』の出版にあたり多くの成果を盛り込むことができるまでになりました。

　これまでの熊本県北の大地の構成とそこに包含する地下水の様子もかなりの精度で把握できており、地下水王国を名乗る熊本での今後の大地の利用と防災に役立てることが可能になりました。

　前回の出版から５年近くたち、その間には長谷の参加もありました。４人体制で本作の出版に向けて編集中だった2016年４月14日は木曜日で、東海大学の一室で作業していました。昼近く４人が断層の話から布田川断層の話になり、そのずれ幅がどう、方向は？ 長さは？ と大変な話題となりました。まさかその日の夜に大地震に出遭うとは誰も思いもしないことでした。

　幸いに中山以外の３人は大した被害がありませんでしたが、中山は松橋の家が全半壊になり、さらに眼の手術を５月に受けたため、６月まで作業を休むことになりましたが、３人は６月から大学での作業を続けられました。

　今回この様な状況だったため作業が少々遅れましたが、熊本の地盤構造をより理解しやすくしたいとの思いでその作業を続け、やっとここに出版することになりました。これも何かの縁かと思います。

　今まで大変お世話になった東海大学も阿蘇校舎が被災し、農学部も熊本校舎で再開することとなり、われわれも現在までお世話になっていた部屋を出ることになりました。部屋内にある多くの資料の大部分は置き場がなくなり困っておりましたら、千代田工業株式会社様の御好意で、置き場を提供いただき急遽移送までしていただけることになりました。また、今も市川勉先生のご厚意でここしばらくは部屋の半分をお借りし活動することができています。この研究会がいつまで続くかわからない状況です。

　ここまで各人とも無給で手弁当のボランティアの仕事でしたが、今まで継続できたのは４人の絆があってこその奇跡だと思います。今後は少しでも手当があればと願っています。そうすれば次の担い手も現れていただけると思います。この仕事は社会が存続する限り新しいボーリングデータを使って、精度を上げながら活用すべきものと考えます。

　最後ではありますが、今回の本は中山が東海大学在職中に始めてから今回までの三十数年間、東海大学で作業をさせていただいた記念として、出版することにしました。本当にありがとうございました。また多くのボーリングデータをご提供いただきました熊本県、市町村、運輸省、建設省（現在の国土交通省）などの公官庁の方々や熊本県地質調査業協会、全国さく井協会九州支部の皆さまに厚く御礼申し上げます。

　　2019年７月

　　　　　　　　　　熊本地盤研究会　　　　代表者　中山　洋
　　　　　　　　　　　　　　　　　　　　　古澤　二、長谷義隆、荒牧昭二郎

## 参考文献

*1　中山洋（1995）；熊本市の地下構造記録

*2　中山洋（1997）；熊本地盤図集

*3　中山洋・古澤二・荒牧昭二郎（2010）；熊本周辺の地質断面図、熊本地盤研究会

*4　中山洋・古澤二・荒牧昭二郎（2014）；熊本地域の地質断面図、熊本地盤研究会

1 ）中山洋・荒牧昭二郎・内村好美；パソコンを利用した標高情報ファイルの作成とその斜面崩壊への適用、
　　九州東海大学工学部紀要、第12巻、pp.27-38, 1985.

2 ）内村好美・今泉繁良・北園芳人・中山洋・荒牧昭二郎；パーソナルコンピュータを用いた地盤情報データベー
　　スの作成、熊本大学工学部研究報告、第36巻、第 1 号、1987.

3 ）熊本県地質調査業協会（2003）「熊本市周辺地盤図」同説明書269

4 ）田村実・渡辺一徳、谷村洋征（1983）土地分類基本調査 5 万分の 1 表層地質図「御船」および説明書　25-
　　34、熊本県

5 ）渡辺一徳・小野晃司；阿蘇カルデラ西側、大峰付近の地質、地質学雑誌、第75巻、第 7 号、365-374ページ、
　　1969年 7 月

6 ）渡辺一徳；熊本県阿蘇カルデラ西方地域の活断層群とその意義、熊本大学教育学部紀要、自然科学、第33号、
　　35-47、1984.

7 ）渡辺一徳・籾倉克幹・鶴田孝三；阿蘇カルデラ西麓の活断層群と側火口の位置、第 4 紀研究（The
　　Quaternary Research）,Vol.18, No.2, Aug. 1979.

8 ）今西茂・田村実（1958）土地分類基本調査 5 万分の 1 表層地質図「熊本」および説明　1-50　経済企画庁

9 ）今西茂・岩尾雄四郎（1972）土地分類基本調査 5 万分の 1 表層地質図「高瀬」および説明書　15-19　熊本県

10）田村実・渡辺一徳（1982）土地分類基本調査 5 万分の 1 表層地質図「菊地」および説明書　22-27　熊本県

11）渡辺一徳・谷村洋征・岩崎泰頴・豊原富士夫（1984）土地分類基本調査 5 万分の 1 表層地質図「砥用」お
　　よび説明書　25-36　熊本県

12）豊原富士夫・岩崎泰頴・渡辺一徳（1985）土地分類基本調査 5 万分の 1 表層地質図「八代」および説明書
　　25-41　熊本県

13）渡辺一徳・藤本雅太郎（1993）土地分類基本調査 5 万分の 1 表層地質図「荒尾　山鹿　大牟田　久留米」
　　および説明書　17-25　熊本県

14）渡辺一徳・藤本雅太郎（1994）土地分類基本調査 5 万分の 1 表層地質図「八方ヶ岳」および説明書　14-21
　　熊本県

15）熊本県地盤図編纂委員会（2008）「熊本県地質図」（10万分の 1 ）説明書　118

16）熊本県（1999）平成10年度　熊本の水資源　地盤沈下　p110

17）渡辺・小野（1985）阿蘇火山地質図　地質調査所発行

18）渡辺・小野（1992）阿蘇火山　九州地方　共立出版　p214-218

19）小林正典（1991）高遊原地下浸透ダム建設事業について（地下浸透ダムモデル事業）地下水技術33号 6 巻
　　2-8

20）千藤忠昌・今西茂・長谷義隆（1985）熊本県菊池市東部の第四系　熊本大学教養部紀要　自然科学編第20
　　号47-59

21）宮本昇・柴崎達雄・高橋一・畠山昭・山本荘毅（1962）阿蘇火山西麓台地の水理地質　地質学雑誌68

282-292

22) 長谷義隆・岩内明子・石坂信也（1998）中部九州西部熊本地域中期～後期更新世の植生変遷　熊本大学理学部紀要（地球科学）第15巻2号51-66

23) 渡辺一徳（1992）日本地質学会第99年学術大会見学案内書［阿蘇火山］13-32

24) 松本幡郎（1973）砥川溶岩について　火山　第2集第9巻1号19-24

25) 斉藤林次（1984）阿蘇火山の形成　S・G技報第3号

26) 今西茂（1964）熊本平野の地質ならびに地下構造について　熊本工業資源シリーズ1　31-44

27) 林行敏（1956）熊本市西部金峰山カルデラ湖の堆積層　地学研究9　95-100

28) 今西茂（1969）熊本県古期洪積層産"ひし"の実化石とその地質学的意義　熊大教養部紀要　自然科学編　4　25-34

29) 籾倉克幹（1993）水文地質・地下水の話題　ふたたび熊本の地下水を考える　ふたたび熊本の地下水を考えるシンポジウムプレプリント p37-44

30) 斉藤林次（1982）阿蘇火山西麓の地下地質　S・G技報第2号1-5

31) 田中伸広（1988）熊本地域の地下水　1988年10月日本地下水学会熊本大会シンポジウム講演資料

32) 熊本市水保全年報　平成二十年度　p25「地区別地下水採取量」

33) 古川博恭・黒田登美雄・東風平朝司（2000）阿蘇西麓台地の地下水の光と影－熊本地域の地下水盆管理の問題点と新しい視点日本応用地質学会九州支部会報 No21　2-8

34) 松本徰夫（1993）別府－島原地溝の発想とその後の発展及び課題　地質学論集第41号175-192

35) 地質調査研究推進本部地震調査委員会「布田川断層・日奈久断層帯の長期評価（一部改訂）について」平成25年2月1日

36) 長谷義隆・中山洋・古澤二・荒牧昭二郎（2016）熊本平野南部、沖積層下に認められる砥川溶岩の変位、御所浦白亜紀資料館報、17, 5-13

37) 鶴田孝三・渡辺一徳（1978）熊本平野南部に見られる活断層群　熊本地学会誌　No.58　p2-4

38) 渡辺一徳（1981）熊本平野における第四系と活断層　1981年度熊本県地質調査業協会技術講演会

39) 籾倉克幹（1992）熊本市周辺の地下水　日本地質学会第99学術大会見学会案内書 p161-174

40) 新村太郎（2013）熊本県合志市二子山に産する高マグネシア安山岩の化学組成およびSr同位体比熊本学園大学産業経営研究　23号19-30

41) www.jma.go.jp//jma/menu/h28_kumamoto_jishin_menu.html

42) www.scj.go.jp/ja/event/pdf2/229-s-0716.pdf

43) 中澤努・坂田健太郎・佐藤善輝・星住英夫・卜部厚志・吉見雅行（2018）「2016年熊本地震で甚大な被害を受けた益城町市街地の地下を構成する火山性堆積物の層序と分布形態」地質学雑誌　第124巻　第5号347-359

44) 活断層研究会「日本の活断層」pp.363 東京大学出版会　1980

45) 石坂信也・渡辺一徳・高田英樹（1992）「熊本平野地下における第四系の最近15万年間の沈降速度」第四紀研究、31（2）：91-99

46) 渡辺一徳・小野晃司（1969）「阿蘇カルデラ西側、大峰付近の地質」地質学雑誌　第75巻　第7号 pp.365-374

47) 荒牧昭二郎・平川泰之・田中晃弘・中西香帆（2016）「熊本地震の発生メカニズムと布田川断層（木山断層を含む）の全貌」平成28年度（第25回）熊本自然災害研究会　発表要旨　pp.29-36

48) 駒澤正夫（1994）「阿蘇火山の重力解析と解釈」Journal of the Geodetic Society of Japan Vol.41 No.1、

pp17-45

49) 熊本地震現地調査結果（速報）中央開発株式会社　平成28年4月27日

50) www.gsi.go.jp>2016年報道発表資料一覧、資料1

51) 荒牧昭二郎・中山洋（1986）「粘性土の一面せん断ひずみに関する考察」九州東海大学工学部紀要、Vol.13、pp97-103

52) 荒牧昭二郎・稲田倍穂（1990）「層すべり挙動解析への室内せん断試験の適用」東海大学工学部紀要、Vol.30, No.2, pp125-134

53) www.aist.go.jp,「見えない」危険を可視化する技術の開発、産業技術総合研究所

54) 国土地理院「活断層図　九州地域整備範囲　国土地理院」、www.gsi.go.jp/bousaichiri/11_kyusyu.html 189阿蘇と190熊本（改訂版）

55) 鎌田浩毅・小玉一人（1993）「火山構造性陥没地としての豊肥火山地域とその形成テクトニクス　－西南日本弧・琉球弧会合部におけるフィリピン海プレートの斜め沈み込み開始が引き起こした3現象－」地質学論集　第41号　129-148

著者プロフィール

## 中山　洋（なかやま　ひろし）

1933年生まれ。熊本大学工学部土木工学科卒。熊本大学大学院自然科学研究科修了。工学博士。専門は環境地盤情報データベースの構築とその利用に関する研究。元九州東海大学工学部土木工学科教授

## 古澤　二（ふるさわ　わかつ）

1936年生まれ。熊本大学理学部地学科卒。元八洲開発株式会社社長。元千代田工業株式会社技師長。長年にわたり熊本県下の地盤調査を経験

## 長谷　義隆（はせ　よしたか）

1941年生まれ。熊本大学理学部地学科卒。理学博士。元熊本大学大学院自然科学研究科教授。天草市立御所浦白亜紀資料館館長

## 荒牧昭二郎（あらまき　しょうじろう）

1944年生まれ。熊本大学理学部地学科卒。博士（工学）。専門は地盤工学、地質工学。元九州東海大学工学部都市工学科教授、東海大学名誉教授

## 熊本地域の地質断面図　—地下地質と熊本地震—

令和元（2019）年7月26日　初版　第1刷発行

発　行　　熊本地盤研究会（代 表　中山　洋）

制作・発売　熊日出版（熊日サービス開発株式会社出版部）
　　　　　　〒860－0823　熊本県熊本市中央区世安町172
　　　　　　〔電話〕096－361－3274
　　　　　　〔FAX〕096－361－3249
　　　　　　URL : https://www.kumanichi-sv.co.jp

装　丁　　井手　奈津美

印刷・製本　シモダ印刷株式会社

定価は表紙カバーに表示してあります。
落丁、乱丁本はお取り替えいたします。
本書の内容を無断で複写、転載することは固くお断りします。

©kumamoto jiban kenkyukai 2019 Printed in Japan
ISBN 978-4-908313-55-4 C3044